Bianca Maria Muxia

UN, DUE… RE!

TRA MATEMATICA E MUSICA:
UN CONTROTEMPO FORMATIVO PER
L'INCLUSIONE E L'INTERDISCIPLINARITÀ

Edizioni We

Sito Web dell'Autrice: https://www.selador.it

Copertina a cura di Bianca Maria Maxia

ISBN 979-12-5497-253-3

Prima Edizione
www.edizioniwe.com
www.facebook.com/edizioniwe
www.instagram.com/edizioniwe

Indice

Prefazione
di Francesco Paoli

In passato, l'insegnamento della matematica e della musica nella scuola primaria italiana hanno sofferto di problemi per certi versi speculari, ma che in entrambi i casi hanno rappresentato ostacoli ingombranti sulla via verso un apprendimento efficace.

Alla matematica non è mai stato negato uno spazio consono, sia per numero di ore che per la centralità riconosciutale all'interno del curricolo, ma sono stati spesso privilegiati approcci troppo rigidi e troppo presto formali, volti a incentivare strategie di apprendimento meccanico e mnemonico a scapito della costruzione di senso. Una matematica "pesante" da ogni punto di vista: non sorprende quindi che essa venga quasi sempre citata, nelle ricerche al riguardo, tra le discipline più ansiogene.

La musica ha conosciuto un destino antitetico. La scuola di un tempo, vedendola come materia di "alleggerimento", ha sì esplorato precocemente percorsi ludici e accattivanti, ma ha anche spesso rinunciato a priori a qualsiasi tentativo di approcciare la teoria e la lettura del pentagramma, precludendosi in tal modo la possibilità di costruire connessioni robuste e istruttive con altre discipline, tra cui proprio la matematica (oltre che l'educazione all'immagine). Anche in questo caso, non c'è da stupirsi se sovente ha corso il rischio di essere relegata in aree periferiche o residuali del curricolo.

Anche se da tempo, per fortuna, la situazione sta cambiando, sono sempre benvenute proposte didattiche come quella qui presentata da Bianca Maria Maxia. Questa giovane docente, facendo tesoro di esperienze ormai consolidate e ovunque apprezzate nel mondo della scuola, come il metodo MusicArte del maestro Daniele Pasini, ci guida in un fascinoso itinerario attraverso la storia della musica, il suo rapporto con la matematica, la teoria delle intelligenze multiple e altro ancora, per approdare a un insieme di attività in classe realizzate nel suo percorso di studentessa, tirocinante e insegnante.

Si tratta di attività, e questo è il bello, che non rinunciano a sfidare i bambini con apprendimenti impegnativi, ma che allo stesso tempo risultano divertenti. L'autrice mostra così che l'alleggerimento non si deve per forza ottenere ai danni dell'approfondimento; che le barriere tra umanesimo, scienza e discipline espressive sono più che altro un portato delle nostre abitudini e dei nostri pregiudizi culturali; che una didattica efficace non è incompatibile col gioco e col divertimento, se progettata con cura da docenti appassionati e professionali.

Francesco Paoli
Professore di *Didattica della Matematica*
presso l'Università degli Studi di Cagliari

Prefazione
di Daniele Pasini

La relazione tra musica e matematica è insita nel DNA musicale e questo libro ne è una prova. La maggior parte delle persone pensa a questa fantastica relazione riferendosi esclusivamente alle frazioni, ma così non è. Le frazioni, nella scuola primaria, dovrebbero essere un punto di arrivo. Esse, prima di tutto, fanno riferimento alla battuta, contenitore di forma geometrica che richiama, ad esempio, la cornice delle vignette o i fotogrammi. Non ci si può soffermare sul contenitore se prima non si analizza il contenuto e le relazioni tra note, sia nell'ambito dello stesso pentagramma, sia nella relazione verticale tra diversi pentagrammi.

L'autrice, nel corso di 5 capitoli, tocca la tematica in modo completo, dall'antica Grecia fino alla dodecafonia. Il punto nodale di tutta la questione, sul piano meramente didattico, è caratterizzato da almeno due domande: "come calare la ricchezza interdisciplinare della musica nella didattica di tutti i giorni? Quali sono gli argomenti da spiegare a un bambino, affinché abbia una certa consapevolezza di questa ricca relazione?"

Il linguaggio musicale scritto è intuitivo, poiché l'andamento delle note descrive esattamente ciò che succede al suono. Lo spartito musicale ha, di base, un "disegno lineare di note". Negli spartiti polifonici (per 2 o più strumenti) si aggiunge un "disegno geometrico", fatto di relazioni verticali tra esse, che ricordano certamente l'incolonnamento nelle operazioni matematiche. Entrambi i disegni creano delle vere e proprie strutture riconoscibili visivamente e hanno a che fare con la lettura a prima vista e la composizione. Numerose sono state le volte in cui ho paragonato l'incolonnamento verticale di note (bicordi o accordi) all'abaco. Come potrebbe non essere così? Il disegno lineare di note, invece, lo possiamo paragonare a tutti gli esercizi in cui è richiesta la consegna di unire i puntini: li troviamo nella Settimana Enigmistica (da me usata per far esercitare i bambini sulla decalcatura e copiatura) o nelle schede di matematica, per memorizzare la sequenza numerica ordinale in senso crescente/decrescente. Se uniamo le note come puntini della Settimana Enigmistica viene fuori un "paesaggio geografico musicale" che descrive esattamente l'andamento del suono. Questo "andamento geografico" è alla base dei calcoli nella relazione inscindibile tra spartito e tastiera. L'alternanza rigo/spazio del pentagramma si collega a quella pari/dispari della successione numerica. Considerato che le note possono trovarsi o sui righi o negli spazi e che a ogni nota scritta corrisponde un solo tasto del pianoforte, ne consegue che ogni movimento di note ascendenti e discendenti può essere facilmente calcolato.

Quanto scritto finora ci porta a un altro ragionamento: suonare è senza dubbio come risolvere semplici espressioni matematiche che "suonano". In un'espressione matematica, se anche solo un calcolo non viene eseguito correttamente, il risultato "non torna". Nella disciplina musicale, che si sviluppa nello scorrere del tempo, quel risultato finale dell'espressione è rappresentato dalla "melodia a noi familiare", ovvero dal totale di note suonate fino a quel momento. Un qualsiasi calcolo musicale errato produce inevitabilmente una melodia diversa che noi, ad orecchio, riconosciamo come "simile" ma "non uguale" rispetto a quella che ci aspettavamo di ascoltare. I calcoli giusti o errati, oltretutto, ricordano anche il disegno. Nell'esercizio di copiatura di un qualsiasi disegno le proporzioni devono tornare: anche questo è frutto di calcoli visivi, come quelli che ritroviamo sul pentagramma ma in forma diversa, poiché "suonano". Possiamo dunque affermare che il linguaggio musicale scritto è un disegno matematico che suona e dona emozioni straordinarie, grazie anche all'interazione grafica tra strumenti musicali (frutto del "disegno geometrico" di cui parlavo poc'anzi).

Allo stesso tempo - e questo non è prerogativa del linguaggio scritto - le note si possono e si devono contare. Dopotutto, se contiamo le sillabe, perché mai non dovremmo contare le note e le loro relative suddivisioni (di metà in metà)? La musica la si segue così, su spartito come ad orecchio. Come fa chi non ha avuto l'opportunità di imparare la lettura musicale su spartito? Costoro si servono del più grande strumento compensativo e dispensativo del musicista: l'orecchio! Esso aiuta a discriminare i gruppi di note ascendenti e discendenti compresi i salti che, su spartito, hanno un aspetto grafico coerente rispetto a ciò che viene ascoltato. Una vera e propria bussola!

La matematica della musica finalizzata al primo orientamento su spartito e tastiera, se la scindiamo ai minimi termini, è fatta di numeri entro la linea del 20. Questo vuol dire che dobbiamo parlare dello spartito musicale sin dai 6 anni! Questo tipo di matematica musicale, adatta ai bambini della scuola primaria, Bianca l'ha inizialmente vista quotidianamente applicata sul fratello (mio ex alunno). Nell'esperienza del tirocinio e, successivamente, in quella dell'insegnamento quotidiano - in cui continua a far suo questo tipo di interdisciplinarità - ha potuto verificare quanto sia trascurato l'aspetto realmente interdisciplinare della musica! Mi ha fatto molto piacere sapere che l'attività dei pentagrammi a mano libera (cuore del mio Metodo, da cui è partita tutta la sperimentazione) ha permesso di affrontare e rinforzare, da un altro punto di vista, l'argomento delle linee parallele. Quest'attività non solo si collega alla matematica, ma permette di lavorare sulla precisione, sul rinforzo del pregrafismo e sul prezioso strumento di misura del metronomo. Per realizzare una linea dritta a mano libera, oltre che pazienza, serve ritmo e precisione, proprio come nella musica! La linea, oltretutto, ricorda anche la linea del tempo!

Può essere davvero interessante collegare elementi dello spartito musicale all'Educazione Civica. Possiamo notare quanto il linguaggio musicale usi il riciclo di forme per la generazione di capolavori facendo caso, per l'appunto, al già citato "disegno di linee". Tra i numerosi esempi, l'autrice ha menzionato la quinta Sinfonia di Beethoven, esempio evidente anche a livello acustico, dal momento che l'incipit è talmente chiaro da non lasciare dubbi sullo sviluppo della composizione. Tuttavia, seppur non in maniere così evidenti, il riciclo di forme musicali è alla base, come già sottolineato precedentemente, della composizione e lettura a prima vista. Tutto questo si può e si deve spiegare, con i dovuti modi, ai bambini. Io, ad esempio, lo faccio costantemente.

Si citano spesso i compiti di realtà, ma cosa c'è di più reale che spiegare ai bambini gli agganci reali tra le discipline?

L'autrice, con il presente testo, ha "dato importanza" a una disciplina bistrattata come la musica. Non posso che ringraziarla per aver dedicato gran parte del terzo capitolo al mio Metodo, il cui obiettivo primario è quello di "dare importanza" alla relazione oggettivamente esistente nell'ambito del "triathlon didattico" formato da musica, disegno e matematica. Si dà importanza a una disciplina quando la si inserisce in un contesto, rapportandola ad altre discipline, mostrando le reali interconnessioni. Con reali intendo, precisamente, elementi grafici oggettivamente analizzabili, esattamente come si fa per altre discipline, nell'ambito del più ampio tema dell'alfabetizzazione da cui molto spesso la musica sembra essere una grande esclusa.

Nella scuola primaria non si può più tollerare che la Musica sia relegata a canzoncine e body percussion e l'Arte a disegnini e lavoretti. Queste due discipline "diverse" devono "educare diversamente" alla dedizione e sacrificio, alla base della bellezza! È proprio attraverso i compiti che i bambini, da grandi, ricorderanno il lavoro che c'è dietro una semplice melodia o un disegno eseguiti con dedizione e cura dei dettagli. Questo li aiuterà a ricordare che tali discipline sono un lavoro come tutti gli altri! Troppe volte, infatti, occorre ribadirlo!

L'autrice ha fatto benissimo a citare la Teoria delle intelligenze multiple di Gardner. Infatti, far notare le reali interconnessioni tra le discipline significa educare le intelligenze di tutta la persona. Le discipline non si studiano perché si deve eccellere! È proprio nella relazione valorizzata tra esse che l'individuo trova varchi praticabili per reinterpretare gli insegnamenti ricevuti, arricchendo le proprie intuizioni. Io stesso, dopo aver scritto 5 libri (su cui ho scritto tante intuizioni, che fanno parte ancora oggi della struttura del Metodo MusicArte) continuo a "rivoltare le vignette delle mie stesse idee" per reinterpretare ed adattare le migliori intuizioni alle situazioni dei bambini.

Un insegnante non si deve stancare mai di chiedere, ai propri alunni, continue migliorie, alla ricerca del dettaglio... questa è l'Arte! Un musicista ripete infinite volte i passaggi, finché non vengono al meglio! La bellezza, infatti, è un cammino che non avrà mai fine ed è un grande, enorme lavoro che coinvolge tutta la persona!

Concludo questa lunga Prefazione augurando a Bianca Maria Maxia il successo meritato per il suo lavoro certosino e ringraziandola per avermi dato il privilegio di aver potuto ascoltare il mio Metodo citato in una Tesi di Laurea in Scienze della Formazione Primaria, con lo stesso relatore della mia Tesi. Spesso la vita sa sorprenderci e la tecnologia, oggigiorno, aiuta davvero tanto.

Daniele Pasini
Flautista, Insegnante di Scuola Primaria
e inventore del Metodo MusicArte

Prefazione
di Marystella Caprio

Come pedagogista e insegnante di scuola secondaria di primo grado, con tanti anni di esperienza nella scuola primaria e dell'infanzia, ho costantemente l'opportunità di osservare da vicino le dinamiche dell'apprendimento e l'evoluzione dei miei studenti. Con grande piacere, mi accingo a presentare questo libro, un'opera che esplora le profonde connessioni tra la matematica e la musica, due discipline che condividono un'intima relazione da cui possono nascere importanti ispirazioni di carattere formativo ed educativo.

L'autrice ci guida, infatti, in un viaggio affascinante attraverso un'indagine che non costituisce solo un'esplorazione teorica, ma un invito a riconoscere e valorizzare le infinite possibilità che emergono dall'interazione tra le due discipline.

L'aspetto peculiare di questo libro si concretizza nell'approccio dell'autrice, che conferisce all'inclusione e all'interdisciplinarità un'importanza fondamentale dal punto di vista della didattica. Il testo è, infatti, un inno all'integrazione delle diverse intelligenze, propensioni e interessi che definiscono la personalità di ciascuno dei nostri studenti. Attraverso una didattica che valorizza queste differenze, l'autrice propone una metodologia che favorisce un ambiente di apprendimento più armonioso e coinvolgente, dove i concetti matematici diventano più accessibili e le lezioni musicali più profonde.

Il libro è strutturato in cinque capitoli, ognuno dei quali contribuisce a costruire una comprensione completa e approfondita delle relazioni tra matematica e musica: se nel primo capitolo l'autrice offre un'analisi storica di queste connessioni, nel secondo capitolo si concentra sulle intelligenze multiple di Gardner, un framework fondamentale per comprendere come attraverso una didattica interdisciplinare ogni studente abbia la possibilità di eccellere in modi diversi e complementari: studenti con propensioni diverse possono trovare un terreno comune e prosperare quando queste due discipline (o più in generale le diverse discipline) vengono integrate.

Nei capitoli successivi, l'autrice si addentra negli aspetti didattici, esplorando metodi già esistenti e proponendo nuove strategie basate sulla sua esperienza personale, prima come studentessa, poi come tirocinante e ora come insegnante. Questo percorso personale offre una prospettiva unica e preziosa, arricchita dal lavoro sul sostegno e dall'insegnamento diretto della matematica e della musica.

È essenziale considerare che le intelligenze multiple non si limitano a matematica e musica, ma si estendono a tutte le discipline scolastiche e oltre. Le intelligenze linguistica, spaziale, cinestetica, interpersonale, intrapersonale e naturalistica rappresentano altrettanti modi attraverso cui gli studenti possono esprimere e sviluppare le proprie capacità. L'approccio interdisciplinare descritto nel libro offre un modello di insegnamento che favorisce lo sviluppo equilibrato di tutte queste intelligenze, affermando l'importanza di una didattica integrata che risponda alle esigenze individuali degli studenti: collegare lo studio della geometria alla creazione artistica, ad esempio, può aiutare studenti con una forte intelligenza spaziale a comprendere meglio i concetti geometrici; similmente, incoraggiare la scrittura creativa in scienze può stimolare la curiosità e l'interesse di studenti con una predisposizione linguistica, rendendo le lezioni di scienze più coinvolgenti e comprensibili; un alunno con una particolare predisposizione per la musica può comprendere meglio i pattern matematici attraverso la ritmica e la melodia, mentre un altro con una spiccata intelligenza logico-matematica può apprezzare la struttura e l'ordine nella composizione musicale.

Ringraziando l'autrice per l'interessante lettura, concludo osservando come questo libro possa rappresentare non solo una risorsa per insegnanti e pedagogisti, indirizzando verso una didattica più inclusiva e interdisciplinare, ma anche una lettura illuminante per chiunque sia interessato a scoprire le sorprendenti connessioni tra due delle discipline più affascinanti e complesse. Auguro ai lettori un viaggio ricco di scoperte e ispirazioni, sicura che queste pagine contribuiranno a rendere l'esperienza dell'insegnamento e dell'apprendimento un'avventura ancora più stimolante e gratificante.

Con grande stima e apprezzamento,
Marystella Caprio
Insegnante di scuola secondaria
di secondo grado e pedagogista

UN, DUE… RE!

TRA MATEMATICA E MUSICA:
UN CONTROTEMPO FORMATIVO PER
L’INCLUSIONE E L’INTERDISCIPLINARITÀ

Dedico questo libro a mio nonno Enrico,
la mia guida nei primi passi della vita,
la cui presenza e le cui sagge lezioni sono eterne nel mio cuore
e continuano a illuminare il mio cammino
oltre il breve tempo che abbiamo trascorso insieme.

Introduzione

Nel vasto universo delle conoscenze umane, pochi connubi hanno catturato l'immaginazione e l'ispirazione come la magica, quanto inattesa, sinergia tra matematica e musica, due discipline apparentemente distinte eppure estremamente vicine. La storia delle loro connessioni ha attraversato millenni di esplorazione e scoperta, dalle meraviglie delle proporzioni armoniche scoperte da Pitagora, alla società contemporanea in cui la tecnologia si fonde con la creatività artistica, come nel caso della musica generativa.

Da un lato la musica, sorgente di innumerevoli emozioni, dall'altro la matematica, precisa e sempre associata alla razionalità. Sembrano viaggiare su percorsi opposti, eppure si intrecciano continuamente in un abbraccio affascinante, come se fossero destinate ad incontrarsi. Poiché la musica cerca un fondamento razionale attraverso cui essere spiegata, e la matematica cerca di riscoprire la propria poetica bellezza.

Si considera, dunque, in relazione alla sua importanza in ambito educativo e formativo, la combinazione e integrazione sinergica tra le due discipline, che supera la semplice somma delle singole parti, rappresentando piuttosto l'interazione positiva e la collaborazione tra l'intelligenza matematica e quella musicale, le quali possono potenziarsi e influenzarsi reciprocamente.

Mi propongo dunque di esplorare in che modo le due discipline possano prestarsi l'una all'altra reciprocamente in modo da favorire gli apprendimenti di entrambe, semplificando aspetti che, se isolati all'interno di un unico ambito disciplinare, rischiano di apparire più complessi di quanto non siano realmente. Questa esplorazione è valida nello specifico per le due discipline in questione, ma lo è generalmente per ogni disciplina. Maggiori sono i collegamenti tra i diversi apprendimenti, maggiori possono essere non solo le occasioni di comprensione e interesse per gli stessi, ma anche le loro implicazioni pratiche e la loro utilità.

Per questo è mia premura sottolineare che questo lavoro, pur concentrandosi nello specifico sulle meravigliose connessioni tra la matematica e la musica, ha la presunzione e lo scopo, più in profondità, di indagare un importante aspetto della didattica, quello dell'interdisciplinarità attraverso cui permettere una migliore qualità dell'insegnamento e dell'apprendimento, infondendo in essi una particolare vitalità e un interesse intrinseco e concentrandosi sull'orientamento degli stessi non tanto all'acquisizione di competenze quanto piuttosto al pieno sviluppo delle potenzialità e della personalità di ciascuno nella propria unicità, attribuendo un significato di estrema e fondamentale importanza al ruolo che l'educazione e la formazione assumono nel percorso di crescita dei bambini.

Per quanto concerne il titolo che ho scelto, ci tengo a spiegare che in musica, il controtempo si riferisce a un particolare movimento ritmico in cui l'accento cade su un tempo debole anziché su uno forte e dunque, in modo inaspettato, su un tempo che normalmente non sarebbe enfatizzato. In senso metaforico, con "controtempo formativo", vorrei fare riferimento alle connessioni inattese tra l'educazione musicale e matematica, che possono intersecarsi in modo sorprendente e arricchirsi reciprocamente.

Vorrei, inoltre, che si comprendesse come queste relazioni intrinseche possano assumere importanza dal punto di vista didattico per favorire l'interdisciplinarità e l'inclusione, e dunque l'integrazione di diverse intelligenze, abilità, propensioni e interessi. Per cui dall'esplorazione delle intersezioni tra le due discipline e tra i due tipi di intelligenza, si passa all'esplorazione delle possibilità didattiche di questo connubio in parte inaspettato, con l'obiettivo di favorire l'inclusione e l'interdisciplinarità.

LA STRUTTURA

Nelle prossime pagine trovano spazio cinque capitoli più le conclusioni, dei quali presento una breve descrizione:

1. SINTONIE DELL'INFINITO: L'AFFASCINANTE INTRECCIO TRA MATEMATICA E MUSICA

Questo capitolo costituisce un excursus storico che da Pitagora ai giorni nostri esplora l'intrigante intreccio tra le due discipline.

Il titolo è stato scelto con cura per evocare l'idea delle sintonie senza fine esistenti tra i mondi della matematica e della musica, in un'infinita vastità di interazioni e scoperte.

Con "affascinante intreccio" mi propongo di sottolineare l'interazione articolata tra le due discipline, apparentemente distanti ma armoniosamente intrecciate da profonde connessioni, capaci di suscitare meraviglia e curiosità, e di riservare sorprese inattese.

Naturalmente, si tratta di un percorso che inizia più di 2500 anni fa e non potrebbe essere approfondito in modo completamente esaustivo all'interno di un solo capitolo, in quanto necessiterebbe di un lavoro interamente dedicato, il quale probabilmente si risolverebbe all'interno di più volumi.

In questo lavoro, l'aspetto dell'intreccio storico è importante ed essenziale per aprire la strada all'esplorazione di questo connubio, che vuole proseguire, come di seguito descritto, con uno sguardo orientato all'aspetto psico-pedagogico e alle implicazioni educative e didattiche di tale intreccio.

2. SINFONIA DELL'INTELLETTO: NOTEVOLE LOGICA E MELODIOSA RAGIONE NELLA SINERGIA TRA INTELLIGENZA MATEMATICA E MUSICALE

Il secondo capitolo ha un carattere prevalentemente psicopedagogico.

Si concentra sulla teoria delle intelligenze multiple di Howard Gardner, soffermandosi naturalmente sull'intelligenza matematica e su quella musicale.

Qui, "sinfonia" è usato in senso metaforico per fare riferimento a un'opera complessa, ben strutturata e armoniosa, che si esplica in questo caso nell'integrazione delle abilità cognitive presenti nell'intelletto umano.

Questo suggerisce che possa essere interpretata metaforicamente come una composizione musicale, creata attraverso l'armoniosa e sinergica combinazione di varie intelligenze.

Per questo, dovendo trattare nello specifico l'intelligenza matematica e quella musicale, notevole rilevanza è attribuita alla logica matematica, che coinvolge la capacità di risolvere problemi, riconoscere schemi e applicare ragionamenti logici per comprendere i concetti matematici.

E, al contempo, altrettanta importanza viene data all'aspetto melodioso e piacevole della ragione associata all'intelligenza musicale, che coinvolge la sensibilità per il ritmo e l'armonia, e la capacità di percepire e comprendere la struttura e le relazioni nella musica.

3. ARMONIA DEL SAPERE: ESPLORANDO IL CONNUBIO TRA MATEMATICA E MUSICA NELLA DIDATTICA

In questo capitolo mi concentro sull'aspetto didattico e interdisciplinare del connubio, ovvero della connessione profonda, tra la matematica e la musica, facendo riferimento a ricerche e metodi di precedente esplorazione.

Mi riferisco con "armonia del sapere" all'accordo e alla fusione armoniosa tra le due diverse discipline, esplorate alla luce delle loro possibili e sinergiche interazioni attraverso le quali poter arricchire e migliorare l'esperienza di insegnamento e apprendimento, sottolineando ancora una volta l'importanza e la rilevanza dell'argomento in ambito educativo e formativo.

4. NELL'INTERLUDIO MATEMATICO: ESPERIENZE DIDATTICHE SULLA CONNESSIONE TRA NUMERI E MUSICA NELLA SCUOLA PRIMARIA

L'interludio, per definizione, è una sezione o un intervallo breve e spesso musicale che funge da collegamento tra parti di una composizione.

Il termine è utilizzato in questo caso metaforicamente per indicare un momento di connessione e unione tra le due discipline.

Questo aspetto è trattato in questo capitolo attraverso il racconto di esperienze didattiche sperimentate in modo diretto, in relazione al coinvolgimento dei bambini nell'esplorazione di queste connessioni, attraverso cui scoprire come la matematica, che coinvolge geometria, numeri e ragionamento logico, e la musica, che comprende note, ritmi e melodie, possono interagire e arricchirsi a vicenda, facilitando e supportando piacevolmente l'apprendimento di entrambe le discipline nonché favorendo un ambiente di apprendimento motivante ed intrigante.

5. UN, DUE… RE: QUANDO I NUMERI DANZANO CON LE NOTE

Ad integrazione del Capitolo precedente, vengono qui riportate le tabelle di progettazione relative a due Unità di Apprendimento, una pensata per la scuola dell'infanzia e una pensata per la scuola primaria, cui seguono relativi esiti e riflessioni in merito alla realizzazione del progetto in una sezione eterogenea della scuola dell'infanzia e in una classe quinta della scuola primaria.

CONCLUSIONI

Questa sezione rappresenta un capitolo importante in cui si è scelto di adottare una forma più soggettiva attraverso osservazioni e riflessioni di carattere personale, non solo in merito alla matematica e alla musica, di cui si è ampiamente discusso nel resto del Libro, ma soprattutto in merito all'importanza dell'insegnamento e in particolar modo del perché e del come insegnare, all'importanza del tirocinio formativo nello sviluppo dell'identità professionale, ma anche personale dell'insegnante, nonché all'importanza dell'aspetto interdisciplinare della didattica ai fini dell'inclusione, dell'integrazione di diverse abilità e intelligenze, della valorizzazione delle diversità e unicità di ogni bambino.

1

Sintonie dell'Infinito: L'Affascinante Intreccio tra Matematica e Musica

"La musica è il piacere che la mente umana prova quando conta senza essere conscia di contare"
(G.W. Von Leibniz)

Con questo capitolo, si apre una modesta indagine sulle inaspettate relazioni tra matematica e teoria musicale, spesso considerate distanti, e di come i loro sviluppi abbiano interagito nel corso dei secoli.

Tali connessioni si sono dimostrate profonde ed essenziali, da antiche civiltà come quella greca, con Pitagora e l'introduzione dei primi concetti matematici relativi alle proporzioni musicali, al panorama contemporaneo, in cui l'avvento della tecnologia ha aperto nuovi orizzonti per l'analisi matematica della musica e ha stimolato nuove forme di composizione e creatività artistica.

Poiché lo studio delle intersezioni tra le due discipline ha inizio più di 2500 anni fa, è importante sottolineare che gli argomenti affrontati di seguito sono stati scelti tra tanti, con uno sguardo di interesse personale, in modo da avviare l'esplorazione presentata in questo lavoro, che nei capitoli successivi si concentrerà sull'aspetto psico-pedagogico e sulle implicazioni didattiche delle stesse.

1. L'Antico Egitto e il Papiro di Rhind

Non mi soffermerò molto su questo paragrafo ma, poiché facendo riferimento all'argomento trattato raramente viene fatto cenno a riferimenti antecedenti alla teoria di Pitagora, vorrei iniziare questo piccolo viaggio nella storia della matematica e della musica a partire da una breve citazione che ritengo meritevole di interesse e che, come vedremo nel paragrafo successivo, rappresenta un'importante fonte di ispirazione anche per le riflessioni della scuola pitagorica.

Sono quasi completamente sicura che, per chiunque, la prima cosa che viene in mente nominando l'Antico Egitto sia l'imponenza delle sue piramidi, che sin da bambini ci affascinano e incuriosiscono, portandoci a interrogarci sui misteri della loro progettazione e costruzione, per le quali è difficile pensare che non venissero utilizzati principi matematici e geometrici.

Gli Egizi hanno sempre avuto una conoscenza matematica avanzata, e ne abbiamo traccia diretta in diversi papiri, il più antico dei quali fu composto da uno scrittore di nome Ahmes, risale al 1650 a.C. circa ed è conosciuto come "Papiro di Rhind" (dal nome del collezionista che nel 1858 lo donò al British Museum).

La frase di apertura del papiro, interamente dedicato alla matematica, recita che questo è *"uno studio diretto di tutte le cose, la penetrazione di tutto l'esistente, la conoscenza di tutti gli oscuri segreti"*, sottolineando l'importanza che veniva attribuita a tale disciplina quale strumento per la conoscenza della verità più profonda.

Al suo interno sono raccolte diverse regole e formule matematiche, anche in riferimento alle frazioni, e oltre 85 problemi con soluzioni, inerenti soprattutto argomenti di geometria. Questi venivano utilizzati per trovare soluzioni matematiche a problemi specifici, ma ancora non erano presenti delle vere e proprie riflessioni filosofiche sui principi.

Oltre alle preziose conoscenze in ambito matematico e geometrico, e alla grande importanza che veniva data alle dimensioni e alla precisione architettonica nella realizzazione delle piramidi, un altro aspetto che rivestiva un ruolo significativo per la civiltà egizia era proprio quello della musica, in particolar modo in relazione alla sfera

religiosa, in quanto considerata un'arte sacra, capace di collegare il mondo umano a quello divino.
Entrambe le discipline, e ancor di più nelle loro connessioni, assumevano e continuano ad assumere un'importanza fondamentale nell'interpretazione e comprensione della realtà e nella creazione di espressioni non solo artistiche ma anche spirituali, diventando un ponte tra razionalità ed emozioni, tra logica e creatività, tra uomo e mistero dell'universo.

2. Pitagora e le prime indagini sull'armonia musicale

Prima di immaginarlo come filosofo, matematico, astronomo e anche solo come persona, il nome di Pitagora è capace di riportarci immediatamente dietro i banchi di scuola, armati di matita e righello durante una lezione di geometria.
Non è facile tracciarne una biografia poiché non ci sono giunti documenti di quel tempo che ci possano fornire notizie approfondite sulla sua storia, estremamente contaminata dalla leggenda. E a complicare le cose si aggiunge anche il fatto che, essendo la sua setta di tipo comunitario, ogni scoperta apparteneva alla scuola e non ad un suo membro specifico, ed era più che altro una formalità attribuirne il merito al maestro. Molte scoperte vengono associate al suo nome, ma molti altri pitagorici furono protagonisti di studi importanti.
Da quanto sappiamo, Pitagora nasce a Samo, un'isola greca, tra il 570 e il 560 a.C. circa. In seguito a numerosi viaggi in Egitto e Babilonia, si stabilisce a Crotone, in Calabria, dove fonda la famosa Scuola Pitagorica, una società segreta e comunitaria in cui erano riconoscibili molti aspetti dei culti orfici. Durante i suoi viaggi, infatti, Pitagora si lasciò ispirare in particolar modo da informazioni matematiche e astronomiche, ma anche, allo stesso tempo, da molte credenze religiose, che contribuirono a determinare il rigoroso codice di condotta della sua setta. Carl B. Boyer (2015) riporta un esempio interessante che riguarda la dieta vegetariana che tutti i membri della setta dovevano seguire sulla base della dottrina della metempsicosi,

in relazione alla quale credevano nella trasmigrazione delle anime e dunque nella possibilità che un animale macellato potesse essere la nuova dimora dell'anima di un amico.
Gli stessi studi della scuola costituivano una vera e propria base morale per la condotta di vita dei pitagorici e "anche le armonie e i misteri della filosofia e della matematica costituivano parti essenziali dei loro riti. Mai, né prima né dopo, la matematica ha svolto un ruolo così importante nella vita e nella religione come tra i pitagorici" (Boyer, 2015).
Gli insegnamenti della scuola si dividevano tra lezioni per la setta e lezioni per la comunità in generale. Nelle prime venivano discussi i contributi più rilevanti che interessavano soprattutto la disciplina matematica e che entravano nel vivo della discussione filosofica dei suoi principi, andando oltre la semplice applicazione di procedimenti numerici a problemi specifici. Boyer (2015) ci dice che presso i pitagorici "la matematica era strettamente connessa più con l'amore per la scienza che con le esigenze della vita pratica; e da allora in poi, essa ha sempre avuto questa tendenza".
Piergiorgio Odifreddi (2017), facendo riferimento alla relazione tra la matematica e la musica, sostiene che questa "è qualcosa che non dovrebbe sorprendere, perché i rapporti tra la matematica e la musica risalgono a molto tempo fa, a circa 2500 anni fa", quando Pitagora iniziò ad indagare l'esistenza di una relazione tra gli intervalli musicali e i rapporti matematici. Secondo la leggenda, ciò che gli diede l'ispirazione per affrontare uno studio di questo tipo fu l'ascolto casuale di alcuni suoni provenienti dalla bottega di un fabbro (Eli Maor, 2018). Quando si fermò per osservare cosa li stesse producendo, scoprì che erano causati dallo scontro tra il martello e diverse lamiere, il cui spessore influiva sulla qualità del suono, producendone uno più basso se i fogli erano più pesanti e uno più alto se i fogli erano più leggeri.
Pitagora ebbe dunque l'idea di iniziare a sperimentare quanto osservato utilizzando diverse tipologie di corpi vibranti: dalle campane, ai tubi, ai bicchieri pieni d'acqua, alle corde tese realizzate con i nervi di bue (utilizzati in quel periodo per la costruzione degli

strumenti a corda). Durante le sue sperimentazioni, inventò uno strumento chiamato “monocordo”, composto da una singola corda la cui lunghezza poteva essere variata in modo da ottenere diverse altezze di suoni.
Si accorse che pizzicando una corda dimezzata si otteneva un suono esattamente uguale a quello ottenuto dalla corda intera ma con un’altezza diversa: ad esempio, se la corda intera emette un suono corrispondente alla nota DO, anche la corda dimezzata emette un suono che corrisponde alla nota DO. La differenza nel suono, che, come detto, risiede nell’altezza, corrisponde a un’ottava, per cui la nota ottenuta dimezzando la corda ha una frequenza doppia (rapporto 2:1) rispetto alla nota di partenza (chiamata tonica) e risulta dunque più alta. L’importanza della scoperta riguarda la relazione che Pitagora ha individuato tra il rapporto numerico 2:1 e il rapporto armonico musicale dell’ottava che questo rapporto numerico permette di descrivere.
Indagando più a fondo, affronta diversi esperimenti che lo portano ad osservare come, dividendo una corda in modo che il rapporto tra la lunghezza originale e la parte più corta fosse di 3/2, si otteneva un suono in armonia con la nota tonica, ovvero con la nota di partenza suonata dalla corda intera. Il rapporto numerico 3:2 permette di descrivere un altro rapporto armonico musicale, che è quello della quinta. In questo caso il suono non è uguale a quello della nota di partenza, ma corrisponde a una nota che dista da questa per un intervallo armonico di una quinta: ad esempio, se la corda intera suona un DO, la quinta corrisponde al SOL successivo; se la corda intera suona un FA, la quinta corrisponde al DO successivo.
Successivamente, hanno notato che dividendo la corda in quattro parti, si ha un rapporto numerico di 4:3 che permette di descrivere l’intervallo armonico musicale di una quarta: intervallo che corrisponde, ad esempio, alla distanza tra il SOL e il DO successivo.
Abbiamo, dunque, partendo dal DO: DO 1, DO 2, FA 4/3, SOL 3/2.
Questi rapporti (l’ottava 2:1, la quinta 3:2, e la quarta 4:3) costituiscono le principali consonanze musicali, combinazioni di suoni armoniose e piacevoli prodotte da rapporti fra numeri piccoli

(1, 2, 3, 4), definite da Pitagora come "consonanze perfette". Pitagora osservò che, contrariamente, combinazioni tra numeri più grandi producono dissonanze (Eli Maor, 2018).
Questi quattro numeri (1, 2, 3, 4), se sommati insieme costituiscono il numero 10, considerato dai pitagorici come il "numero magico". Rappresentandoli geometricamente otteniamo quella che Pitagora chiamava TETRAKTIS e che rappresentava lo stemma della scuola pitagorica: una figura triangolare costituita da quattro righe, la somma delle quali corrisponde al numero 10.

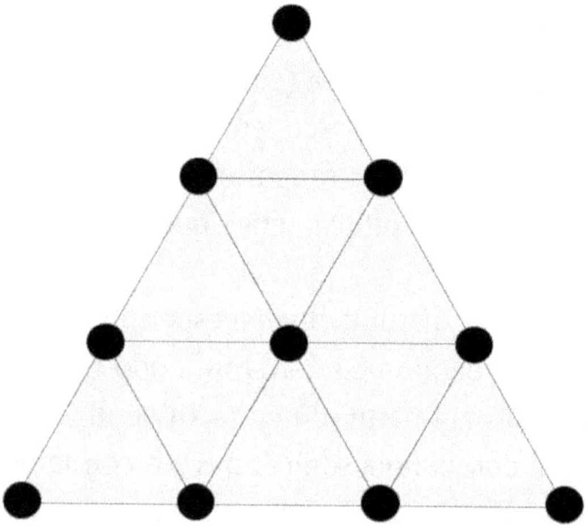

Un altro importante aspetto, nella relazione tra i rapporti numerici 2:1, 3:2 e 4:3 e gli intervalli armonici di ottava, quinta e quarta, riguarda il fatto che "per *sommare* due intervalli, *moltiplichiamo* i rapporti corrispondenti delle loro frequenze" (Eli Maor, 2018).
Consideriamo, infatti, che da un DO al DO successivo vi è la differenza di un'ottava (corrispondente al rapporto 2:1). Se dal DO al SOL successivo vi è una differenza di una quinta, e se da quel SOL al DO successivo vi è una differenza di una quarta, sommando la quinta con la quarta otteniamo l'ottava.
Tuttavia, se la quinta corrisponde al rapporto 3:2 e la quarta corrisponde al rapporto 4:3, se dovessimo sommare i due rapporti otterremmo il rapporto 17:6, che non corrisponde assolutamente a un'ottava. Per ottenere il rapporto 2:1, dal punto di vista matematico

non dobbiamo sommare ma moltiplicare 3:2 per 4:3. Semplificando otteniamo esattamente 2:1.

Scopriamo così che addizionando dal punto di vista musicale due intervalli armonici, dal punto di vista matematico non bisogna svolgere la stessa operazione ma moltiplicare i numeri corrispondenti agli intervalli. In matematica, la trasformazione da prodotto a somma o, viceversa, da somma a prodotto, comporta l'utilizzo di due operazioni più complesse, esponenziali e logaritmi, che verranno sviluppate in seguito ma che Pitagora aveva intuito scoprendo "la prima relazione logaritmica della storia". (Eli Maor, 2018)

2.1. L'Armonia delle Sfere

Per i pitagorici TUTTO È NUMERO e tutto, dalla musica alla natura più in generale, si può descrivere attraverso rapporti di numeri interi, e dunque attraverso numeri razionali. In "Metafisica", Aristotele scrive che "poiché vedevano espresse dai numeri le proprietà e i rapporti degli accordi armonici, poiché insomma ogni cosa nella natura appariva loro simile ai numeri, e i numeri apparivano primi fra tutto ciò che è nella natura, pensarono che gli elementi dei numeri fossero elementi di tutte le cose che sono e che l'intero mondo fosse armonia e numero". E gli elementi dei numeri sono elementi di tutte le cose sino anche al moto di gravitazione dei corpi celesti, che producono delle vibrazioni emettendo di conseguenza dei suoni durante i loro movimenti nello spazio, così come accade con il movimento dei corpi vibranti, creando l'armonia delle sfere "che gli uomini non sentono perché sono totalmente assuefatti alla sua presenza" (Casini, 2022) e che rappresentavano l'espressione di rapporti matematici semplici e armoniosi.

"Secondo Filolao, filosofo della scuola pitagorica, i rapporti musicali esprimono nel modo più tangibile ed evidente la natura dell'armonia universale e perciò i rapporti tra i suoni, esprimibili in numeri, possono essere assunti come modello dell'armonia universale" (Baroni et al., 1988).

Quest'idea è poi stata ripresa da alcuni pensatori del Rinascimento, convinti anch'essi che l'universo fosse ordinato secondo leggi

matematiche e musicali, e che ci fosse una connessione armoniosa tra i movimenti dei corpi celesti e le proporzioni musicali.
Tra questi, Johannes Kepler, prima di scoprire i tre principi fondamentali che descrivono il moto dei pianeti attorno al Sole, cercò di ottenere le leggi delle orbite planetarie attraverso le leggi dell'armonia musicale, convinto che ogni corpo celeste, muovendosi, suonasse una melodia non udibile dall'orecchio umano a causa della frequenza molto bassa e del fatto che nello spazio il suono non si può propagare (Eli Maor, 2018).
Sotto forma di notazione musicale, in Harmonices Mundi (1619), scrisse una melodia di poche note per ogni pianeta conosciuto: Saturno, Giove, Marte, Terra, Venere, Mercurio, Luna.
Sebbene non sia una concezione scientificamente valida (in quanto il suono non può propagarsi nel vuoto ma ha bisogno di un mezzo materiale come l'aria o l'acqua), l'armonia delle sfere ha contribuito a porre le basi per gli studi sulla natura matematica dell'universo, e ha ispirato la musica di alcuni compositori che hanno cercato di rappresentarlo simbolicamente.
Un esempio è la composizione "I pianeti" (The Planets), composta da Gustav Holst tra il 1914 e il 1916, nel tentativo non di riflettere i suoni reali dei pianeti ma di catturare, attraverso la musica, l'essenza e le caratteristiche simboliche di ciascun pianeta.

L'opera è costituita da sette movimenti, ognuno dedicato a un pianeta del sistema solare, ad eccezione della Terra e di Plutone, che non era ancora stato scoperto:

- *Marte, il Portatore della Guerra;*
- *Venere, la Portatrice della Pace;*
- *Mercurio, il Messaggero Alato;*
- *Giove, il Portatore della Gioia;*
- *Saturno, il Portatore della Vecchiaia;*
- *Urano, il Mago;*
- *Nettuno, il Mistico.*

Ritornando alla scuola pitagorica, questa ebbe un'influenza significativa sulla cultura greca e occidentale, sia per quanto riguarda la matematica e la musica, sia per quanto riguarda l'astronomia, la medicina e la politica. I suoi insegnamenti e le sue scoperte sono studiati ancora oggi e hanno aperto le porte all'esplorazione della bellezza matematica nella teoria musicale e a una comprensione più profonda del linguaggio musicale e delle leggi matematiche sottostanti alla produzione del suono.

3. Platone e l'educazione musicale

Nella tradizione greca, la musica era allo stesso livello dell'aritmetica, della geometria e dell'astronomia, e con queste costituiva le "artes reales" del quadrivio, le quattro discipline che ogni dotto doveva padroneggiare.

L'aritmetica si riferiva nello specifico alla teoria dei numeri, e dunque allo studio delle proprietà degli interi, e non contemplava i numeri irrazionali. La musica, allo stesso modo, si riferiva nello specifico alla teoria musicale, e dunque allo studio dell'armonia e delle scale, e riguardava l'arte di suonare musica (Eli Maor, 2018).

Nella Grecia antica, anche filosofi come Platone discutevano di concetti armonici, affrontando riflessioni che si concentravano sulla musica e sul suo ruolo formativo, fornendo ulteriori ispirazioni per il pensiero che già con Pitagora aveva iniziato ad indagare le relazioni tra le due discipline.

Sul frontespizio dell'Accademia da lui fondata, Platone fece scrivere: "Non si entra qui se non si è geometri". Egli riteneva che lo studio della matematica fosse essenziale per lo sviluppo dell'intelletto umano, in quanto disciplina che insegnava la precisione, la logica e il pensiero astratto. Gli studenti che volevano essere ammessi all'Accademia dovevano dimostrare una solida conoscenza della matematica come base per poter affrontare le questioni filosofiche.

Nel suo celebre dialogo "La Repubblica", al contempo, Platone si soffermò sulla rilevanza della musica armoniosa come parte integrante dell'educazione e della formazione dei cittadini ideali, vedendola non solo come arte di intrattenimento ma, se scelta in modo appropriato, come strumento educativo e filosofico di primaria importanza, capace di modellare i loro sentimenti e le loro emozioni, di plasmare l'anima e il carattere umano, portando un'armonia interiore che avrebbe contribuito a creare una personalità equilibrata e virtuosa che potesse aspirare al bene e alla perfezione, alla saggezza e alla comprensione della verità, all'apprezzamento della bellezza, dell'ordine e della giustizia.

Nel terzo libro della Repubblica *(401d)* scrive:

"Il ritmo e l'armonia penetrano profondamente entro l'anima e assai fortemente la toccano, conferendole armoniosa bellezza; e se uno è stato educato bene, gliela rendono bella, e se no brutta. Perché chi ha avuto una perfetta educazione musicale, sarà prontissimo ad accorgersi delle cose trascurate o imperfettamente lavorate o difettose per nascita; e giustamente disgustato, loderà le cose belle, se ne compiacerà e le accoglierà nell'anima sua facendosene nutrimento e diventerà una persona perfetta, mentre sin da giovane, prima di poterne acquistare piena coscienza, rettamente criticherà e aborrirà le brutte".

Questa visione ha contribuito a portare l'attenzione sull'importanza di selezionare attentamente la musica, capace di influenzare emozioni e valori delle persone, e sull'esplorazione delle relazioni armoniche attraverso la matematica. Se la musica poteva agire come mezzo per armonizzare l'anima, era possibile che dietro la struttura delle melodie e degli accordi si nascondessero logica e razionalità, attraverso le quali la musica potesse essere esplorata e compresa.

4. Dalla scala pitagorica alla scala temperata

La scala, in musica, si riferisce a una serie di suoni compresi all'interno di un'ottava, il famoso intervallo corrispondente al rapporto numerico di 2:1.

Esiste un numero molto ampio di scale musicali, che variano nel tempo e nello spazio in base a popoli e civiltà, e la scelta delle stesse è molto soggettiva in quanto non esiste una scala considerata realmente e del tutto corretta.
Nella musica occidentale, le scale maggiormente utilizzate sono quelle diatoniche, in cui l'ottava risulta suddivisa in sette suoni, per l'esattezza in cinque toni (DO-RE, RE-MI, FA-SOL, SOL-LA, LA-SI) e in due semitoni (MI-FA, SI-DO).
Questi sono facilmente riconoscibili, ad esempio, sulla tastiera di un pianoforte, in cui i due semitoni corrispondono agli unici tasti bianchi adiacenti e dunque non separati da un tasto nero.

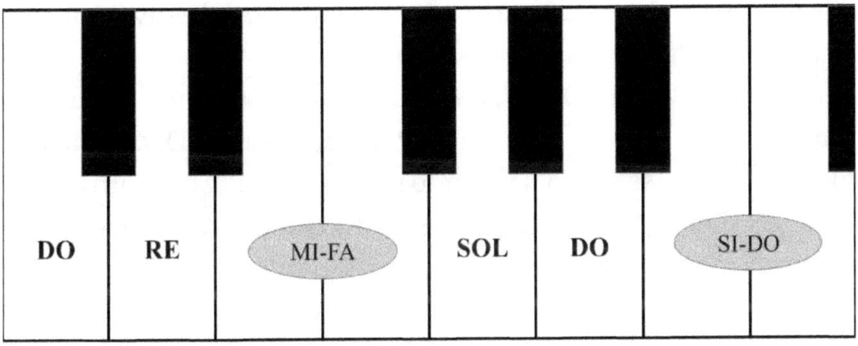

Si parla di scale diatoniche, e non di scala diatonica, perché ci sono state diverse variazioni, nel corso della storia, attraverso cui sono state modificate più volte le ampiezze degli intervalli, in quanto risultavano esserci delle imprecisioni o degli errori.
Nella Grecia antica, attraverso gli studi relativi all'armonia musicale, Pitagora riuscì a stabilire l'altezza dei suoni di una scala, nota come "scala pitagorica", in cui le note sono costruite utilizzando i rapporti matematici tra le lunghezze delle corde vibranti, permettendo di produrre suoni armonici.

La scala pitagorica è costituita da sette note ed è espressa attraverso le relative altezze:

1. Tonica: la nota di riferimento, da cui si costruiscono le altre note (rapporto pari a 1).
2. Seconda: una nota 8/9 rispetto alla tonica.
3. Terza: una nota 81/64 rispetto alla tonica.
4. Quarta: una nota 4/3 rispetto alla tonica.
5. Quinta: una nota 3/2 rispetto alla tonica.
6. Sesta: una nota 27/16 rispetto alla tonica.
7. Settima: una nota 243/128 rispetto alla tonica.

Abbiamo poi l'ottava, con un rapporto di frequenza di 2:1 rispetto alla tonica, per cui se la frequenza della tonica è f, l'ottava avrà una frequenza di 2f.
Secondo Eli Maor (2018), per stabilire questi rapporti tra la nota fondamentale e le note successive, Pitagora partì dal DO2 e iniziò a moltiplicare per sé stesso il rapporto matematico 3:2, che corrisponde all'intervallo armonico della quinta, elevandolo a varie potenze, cominciando da:

$$\left(\frac{3}{2}\right)^{-1} = \frac{2}{3}.$$

$$\left(\frac{3}{2}\right)^{-1} = \frac{2}{3};\ \left(\frac{3}{2}\right)^{0} = 1\ ;\ \left(\frac{3}{2}\right)^{1} = \frac{3}{2};\ \left(\frac{3}{2}\right)^{2} = \frac{9}{4};\ \left(\frac{3}{2}\right)^{3} = \frac{27}{8};\ \left(\frac{3}{2}\right)^{4} = \frac{81}{16};$$
$$\left(\frac{3}{2}\right)^{5} = \frac{243}{32}$$

Se proviamo a risolvere questi rapporti otterremmo:

0.67 ; 1 ; 1,5 ; 2,25 ; 3,375 ; 5,06 ; 7,6

Tra questi, solo 1 (la tonica) e 1,5 sono compresi in un'ottava che, abbiamo detto, corrisponde al valore numerico 2.

Elevando gli altri a potenza di 2, ordinando i risultati in ordine ascendente e completandoli con il rapporto 2:1 per ottenere l'ottava intera, Pitagora arriva alla definizione della scala diatonica, che fornisce i rapporti di ogni nota rispetto alla nota fondamentale (Eli Maor, 2018).
Questi rapporti corrispondono agli intervalli armonici (che separano due note) di 9/8, (un tono intero), e 256/243 (un semitono o mezzo tono).
Nel corso del tempo, ci sono stati vari tentativi di risolvere alcune discrepanze e dissonanze presenti nella scala originale pitagorica, e questi tentativi hanno portato a diverse interpretazioni della stessa, dalle quali derivano alcune variazioni nei rapporti numerici, che dunque possono differire da quelli indicati da Eli Maor (2018).
Le note della scala pitagorica possono essere associate alle note musicali che usiamo nella notazione occidentale moderna (DO, RE, MI, ecc.), con la differenza che, nella scala pitagorica, la tonica può essere associata a qualsiasi nota desiderata, a partire dalla quale vengono poi costruite le altre note in base ai rapporti matematici delle consonanze perfette.
Se, ad esempio, consideriamo la tonica come DO, allora le altre note della scala pitagorica corrisponderebbero approssimativamente a quelle della scala moderna (RE, MI, FA, SOL, LA, SI).
Tuttavia, è importante sottolineare che le note della scala pitagorica non si allineano perfettamente con le frequenze della notazione moderna, a causa delle differenze di intonazione tra i due sistemi.
La scala pitagorica aveva infatti, come accennato, delle limitazioni dovute al fatto che alcuni intervalli non erano perfettamente consonanti. Essendo basata sul solo rapporto di 3:2, escludeva gli altri armonici e di conseguenza non era accordata con le leggi dell'acustica ma rappresentava "una creazione puramente matematica, separata dalla realtà fisica.
Fu il primo tentativo noto di imporre regole matematiche alla musica" (Eli Maor, 2018).
Le limitazioni della scala pitagorica hanno portato alla necessità di sviluppare altri sistemi di notazione, sino all'introduzione della scala

temperata, di cui parleremo tra poco, diventata il sistema di accordatura predominante nella musica occidentale moderna.
Già, ad esempio, nel 335 a.C. circa, a causa delle imprecisioni nella scala pitagorica, che portavano a un suono non del tutto armonico, Aristosseno di Taranto iniziò a respingere la filosofia pitagorica che sosteneva che "tutto è numero" e che "il numero governa l'universo". Come scrive Eli Maor (2018), sosteneva che "gli intervalli vanno giudicati solo dall'orecchio, non in base a relazioni aritmetiche".
Nel 1558, Gioseffo Zarlino (1517-1590), un importante compositore e teorico musicale del Rinascimento italiano, pubblica la sua opera principale, "Le istitutioni harmoniche" Zarlino, 1589), in cui delinea con precisione i principi fondamentali dell'armonia, della melodia e del contrappunto, analizzando la consonanza e la dissonanza, la composizione polifonica e altre questioni relative alla struttura musicale, tentando, "forse per la prima volta, di operare una sistematica razionalizzazione della musica, ma non secondo un'astratta logica come in genere avveniva nei trattati dei teorici medievali, ma secondo una razionalità immanente agli stessi rapporti tra i suoni" (Baroni et al., 1988).
Secondo Zarlino, così come secondo Pitagora ma anche successivamente secondo Galilei, la natura rispecchia fedelmente l'ordine matematico e razionale che regola il mondo.
Egli afferma che "Tutte le cose create da Dio furono da lui col Numero ordinate".
Zarlino, riavvicinandosi all'idea di Pitagora, riteneva che la musica fosse una scienza e che i rapporti matematici tra le note musicali fossero alla base della bellezza e dell'armonia della musica, riuscendo a trovare un punto d'incontro tra chi, per determinare gli intervalli consonanti, si affidava all'orecchio e al piacere uditivo e chi, invece, si affidava a principi teorico-matematici astratti e metafisici.
Secondo Zarlino, e per i teorici musicali dopo di lui, vi è una relazione inscindibile tra le basi razionali e matematiche della musica e gli effetti che queste producono sull'animo umano, in quanto "la razionalità secondo natura corrisponde perfettamente a ciò che piace

all'udito e perciò tra sensi e ragione non può che esserci un assoluto accordo" (Baroni et al., 1988).
Tra il 1600 e il 1700 si sviluppa la cosiddetta "scala temperata", in cui l'ottava è suddivisa in 12 semitoni uguali, ovvero in dodici note separate da intervalli equidistanti.
La scala diatonica naturale utilizzata sino a quel momento presentava l'ottava come suddivisa in 7 note, alcune delle quali differivano per un tono (DO con RE, RE con MI, FA con SOL, SOL con LA, LA con SI), altre delle quali differivano per un semitono (MI con FA, SI con DO). Dividendo ogni tono in due semitoni, otteniamo un totale di 12 note, ben osservabili, come già abbiamo accennato, sulla tastiera di un pianoforte: dal DO al DO# abbiamo la distanza di un semitono, così come dal DO# al RE, dal RE al RE#, dal RE# al MI, dal MI al FA, e via dicendo.
Ciò significa che 12 intervalli del valore di un semitono sommati insieme costituiscono l'intervallo musicale di un'ottava (2:1).
Come raccontato da Odifreddi, inizia in questo modo una ricerca che coinvolge non più solo l'aritmetica, ma anche un'altra parte della matematica, chiamata algebra, in quanto richiede la conoscenza di calcoli più complessi, quali le equazioni, per trovare il valore corrispondente all'intervallo musicale di un semitono, che possiamo indicare con l'incognita X.
Come abbiamo visto nel paragrafo su Pitagora, una somma di intervalli musicali corrisponde al prodotto dei corrispondenti valori numerici. Sappiamo che in musica la somma di 12 semitoni corrisponde a un'ottava e che il valore numerico dell'ottava è uguale a 2. Per cui, se un semitono corrisponde a un valore numerico X, in matematica l'ottava 2 corrisponde necessariamente al valore di X alla dodicesima, cioè X moltiplicato (e non sommato) per sé stesso per 12 volte.

Otteniamo:

$$x^{12} = 2$$

Da qui ricaviamo il valore di X, e dunque di un semitono, attraverso la formula inversa delle potenze, ottenendo che l'intervallo musicale di un semitono corrisponde a:

$$x = \sqrt[12]{2}$$

Questo significa che il valore numerico corrispondente a un semitono X è un numero che moltiplicato per sé stesso per 12 volte permette di ottenere come risultato il numero 2, e dunque l'ottava.

Se risolviamo il calcolo della radice dodicesima di due, otteniamo un numero irrazionale che non può essere espresso attraverso un rapporto tra numeri interi, come i rapporti corrispondenti all'intervallo della quarta, della quinta e dell'ottava (4:3, 3:2 e 2:1).

Se dovessimo scrivere il numero decimale corrispondente alla radice dodicesima di 2 avremmo un numero infinito, per cui possiamo limitarci ad usare l'approssimazione che riporta Eli Maor (2018), che corrisponde a 1, 0595.

La $\sqrt[12]{2} = 1{,}0595$ rappresenta la soluzione al problema del temperamento e delle dissonanze presenti nella scala dei pitagorici, per i quali non era pensabile utilizzare i numeri irrazionali, poiché per loro tutto era numero razionale e dunque esprimibile attraverso un rapporto tra soli numeri interi.

E questa radice dodicesima di 2 viene elevata al quadrato, al cubo, e via dicendo, per l'intera scala musicale.

Dopo un'iniziale opposizione da parte dei musicisti, a metà dell'Ottocento la scala temperata ha iniziato ad essere "universalmente accettata come il sistema di intonazione standard della musica occidentale" (Eli Maor, 2018), venendo utilizzata anche per accordare uno strumento, come ad esempio il pianoforte, attraverso la riproduzione delle diverse radici dodicesime di 2.

Poiché, come ricordato da Eli Maor, non esiste una scala considerata del tutto corretta, la scelta di una o dell'altra scala è comunque assolutamente soggettiva e ognuna rappresenta semplicemente una struttura, alla quale il compositore dona una forma creando la musica che il fruitore interpreta con l'ascolto.

5. Newton e l'armonia dell'arcobaleno

Vorrei soffermarmi brevemente su uno studio che, per quanto superato, porta con sé un certo fascino e che, personalmente, considero di particolare interesse.

Isaac Newton (1643-1727) è uno dei più importanti scienziati della storia. Lo conosciamo per aver formulato le tre leggi del moto e la legge di gravitazione universale, e lo conosciamo per aver contribuito, assieme a Leibniz e indipendentemente da questo, allo sviluppo di un nuovo ramo della matematica chiamato "calcolo infinitesimale" o "analisi".

E ancora lo conosciamo, è questo è l'aspetto attraverso cui ci colleghiamo all'argomento di interesse di questo capitolo, per i suoi studi sull'ottica, attraverso i quali ha scoperto che la luce bianca è composta da uno spettro di colori.

Interessandosi anche, in piccola misura, alla musica, Newton cerca di trovare dei modelli numerici nei rapporti della scala musicale, arrivando a idearne una, chiamata "scala palindromica", basata sugli stessi intervalli della scala naturale ma con un ordine diverso, in quanto iniziava dal RE:

RE **9/8** *MI* **16/15** *FA* **10/9** *SOL* **9/8** *LA* **10/9** *SI* **16/15** *DO* **9/8** *RE'*

La particolarità della scala palindromica risiede non tanto nel suono, abbastanza sgradevole, quanto nella simmetria numerica dei rapporti tra note: Notiamo che inizia da 9/8 e sempre con 9/8 si conclude, e procedendo verso l'interno in entrambi i sensi osserviamo 16/15, 10/9 e al centro nuovamente 9/8.

Quando aveva poco più di 20 anni, mentre si trovava in quarantena volontaria a causa della peste che aveva invaso Londra, Newton inizia i suoi studi sull'ottica, è riesce a dimostrare che la luce bianca del sole era composta dai sette colori dello spettro ottico: utilizzando un prisma triangolare, è possibile osservare come questa si disperda creando un arcobaleno artificiale. È interessante, a questo proposito, ricordare l'iconica immagine scelta per rappresentare l'album "The

Dark Side of the Moon" della band rock inglese Pink Floyd, pubblicato il 1° marzo 1973.
Newton ebbe dunque anche un'altra idea in relazione alla musica, sempre molto interessante: ipotizzò un'analogia tra i sette toni che costituiscono l'ottava e i sette colori dell'arcobaleno (rosso, arancio, giallo, verde, blu, indaco e violetto).
E di questa relazione tra il colore (caratteristica della luce) e la musica, alla quale cerca di dare, come detto, un ordine logico e matematico, parla, seppur non in modo dettagliato, nel suo lavoro "Opticks", pubblicato nel 1704, in cui discute più in generale dei fenomeni ottici e dei colori.
Come scrive Eli Maor (2018), "naturalmente era un'analogia fallace: in realtà i sette colori dell'arcobaleno sfumano l'uno nell'altro in una gradazione continua, mentre le frequenze di una scala musicale sono necessariamente discrete".
Tuttavia, questa analogia continua ad affascinarmi, anche in ragione di alcune motivazioni personali.
Scrive Newton: "non chiamo colori differenti soltanto le specie più importanti, il rosso, il giallo, il verde, l'azzurro e il porpora, ma le altre più minute gradazioni: pressappoco alla stessa maniera in cui non soltanto i più importanti gradi in musica ma tutte le più grandi gradazioni sono ritenute suoni differenti".
(Scritti sulla luce e i colori, 2006).

6. Un disegno geometrico

Scrive Rameau (1722): *"a volte, nella storia, la musica ha anticipato dei concetti matematici scoperti solo in seguito"*.
E al contempo: *"La musica è una scienza che deve avere regole certe: queste devono essere estratte da un principio evidente, che non può essere conosciuto senza l'aiuto della matematica.*
Devo ammettere che, nonostante tutta l'esperienza che ho potuto acquisire con una lunga pratica musicale, è solo con l'aiuto della matematica che le mie idee si sono sistemate".

Osservando uno spartito, possiamo visualizzarlo come un vero e proprio disegno geometrico, in cui tutte le parti che lo compongono sono in perfetta armonia le une con le altre: il pentagramma è formato da cinque linee orizzontali, parallele ed equidistanti e, di conseguenza, da quattro spazi. Sopra i righi e dentro gli spazi si scrivono le note, rappresentate da cerchi o ovali e da segmenti verticali. Queste sono posizionate equidistanti sul pentagramma in base a criteri geometrici, una accanto all'altra se suonate in successione o incolonnate se suonate contemporaneamente. Vengono racchiuse all'interno di "contenitori temporali", chiamati battute, delimitati da stanghette verticali e dalla forma generalmente rettangolare o talvolta quadrata. All'interno di ogni battuta, la somma tra note e pause (anche queste dalla forma geometrica, ad esempio rettangolare) corrisponde al valore frazionario indicato all'inizio del pentagramma. (Pasini, 2021)

Se poi pensiamo alla struttura del pentagramma, ci accorgiamo che questo non è tanto distante dal concetto di piano cartesiano: i tempi costituiscono l'asse delle ascisse, e la frequenza (altezza) costituisce l'asse delle ordinate.

Se osserviamo con attenzione, inoltre, uno spartito non è che un intero suddiviso in parti uguali.

Il valore di ogni singola parte, e dunque il valore contenuto all'interno di ogni singola battuta, è indicato, come detto, da una frazione posta all'inizio dello spartito e può essere ottenuto attraverso la somma dei valori di note e pause contenute all'interno di quella battuta. Ad esempio, se il valore indicato è 4/4, all'interno di ogni battuta la somma dei valori di pause e note corrisponde a 4/4. Possiamo formare una battuta di 4/4 usando una semibreve (4/4), oppure usando due minime (2/4 + 2/4), quattro semiminime (1/4 + 1/4 + 1/4 + 1/4), o una minima e due semiminime (2/4 +3/4 + 1/4), e via dicendo.

Osservando più a fondo, possiamo scoprire molti altri aspetti che conferiscono alla struttura dello spartito un aspetto estremamente interessante. Possiamo individuare una o più cellule melodiche, e una moltitudine di ripetizioni, variazioni e simmetrie della stessa cellula.

E oltre alla variabilità delle singole cellule all'interno dello spartito, c'è la variabilità dello spartito stesso, che può essere letto da sinistra a destra così come è scritto, ma può anche essere letto da destra a sinistra e dunque dalla fine all'inizio. O, ancora, può essere capovolto in modo da essere letto con il pentagramma invertito, e dunque con il primo rigo che si trasforma nel quinto, e di conseguenza con un MI, ad esempio, che si trasforma in un FA. E dopo averlo capovolto si può leggere sia da sinistra a destra sia da destra a sinistra. Oppure si può leggere controluce, allo specchio, e via dicendo. Ci sono numerose variabili possibili.
Molti musicisti, primo tra tutti Bach nel periodo Barocco, ma anche in tempi recenti con la musica dodecafonica, hanno utilizzato giochi di questo tipo, per creare una struttura dello spartito gestita da regole matematiche e trasformazioni geometriche ma al tempo stesso tutt'altro che statica.
Questo lo possiamo osservare, ad esempio, negli spartiti di Camille Saint-Saëns de "Il Carnevale degli animali", ne "L'arte della fuga" di Bach, o nella "Sinfonia numero 40" di Mozart.
Odifreddi (2017) parla di questo aspetto prendendo come esempio la lettera ***b***.

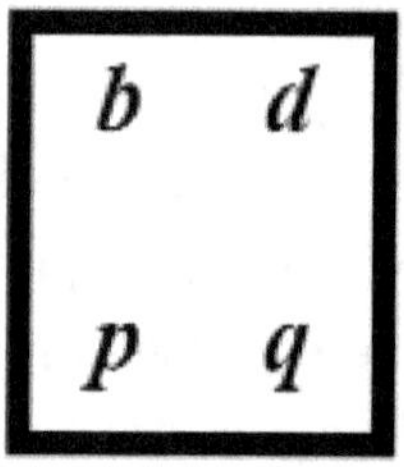

In questo disegno è rappresentata una stessa figura, costruita con le stesse linee che però variano nella loro disposizione sulla superficie di raffigurazione, creando quattro lettere diverse.
Partendo dalla ***b***, riflettendola verticalmente otteniamo la ***d***, riflettendola orizzontalmente otteniamo la ***p***, riflettendola sia verticalmente sia orizzontalmente otteniamo la ***q***.
Allo stesso modo, possiamo riflettere in musica l'intero spartito sulla base di queste stesse tipologie di variazione: modo retto (lettura

diritta), modo inverso (lettura capovolta), modo retrogrado (lettura al contrario, da destra a sinistra e dunque dall'ultima nota alla prima, definito anche "cancrizzante" dal latino cancer, gambero, in riferimento al movimento che procede all'indietro), modo retrogrado-inverso o inverso-retrogrado (lettura sia al contrario sia capovolta).

Come fa notare Odifreddi (2017), questo è un esempio molto interessante, ma se pensiamo alle altre lettere dell'alfabeto difficilmente possiamo applicare le stesse trasformazioni geometriche e ottenere lo stesso risultato. E ancora più complesso è riflettere le parole, ad eccezione di ambi-grammi, da scrivere però in modo distorto in modo da poter essere letti anche capovolti, e palindromi come ANILINA, che possono essere letti anche da destra a sinistra e dunque in due direzioni.

Ma comunque si tratta di un lavoro tutt'altro che semplice, e quando si inizia ad andare anche oltre la parola si possono costruire frasi che funzionano come palindromi ma non sempre significano qualcosa e non sempre trasmettono qualcosa oltre all'interesse per la loro struttura.

In musica, invece, questi giochi geometrici possono portare a risultati straordinari ed intriganti, che racchiudono insieme sia la creatività e l'inventiva sia la matematica.

6.1. Bach

Johann Sebastian Bach (1684-1750) è considerato uno dei più grandi compositori non solo del periodo barocco ma di tutti i tempi, noto per la sua maestria nel creare opere di grande bellezza e complessità, emotivamente coinvolgenti, caratterizzate da una profonda espressività ma al contempo anche da relazioni matematiche e strutture geometriche. Scrive Eli Maor (2018): "Se c'è mai stato un compositore la cui musica si avvicina alla perfezione matematica, è Johann Sebastian Bach".

Molti dei suoi brani sono in forma di fuga, una forma musicale matematicamente complessa in cui un tema viene ripetuto e sviluppato in diversi modi, creando un senso di tensione e

risoluzione, secondo la tecnica del contrappunto, e per l'esattezza del contrappunto imitativo.
Tra il XVII e il XVIII, si riteneva che le strutture contrappuntistiche dovessero essere fondate su rigidi principi logico-matematici, ponendo particolare attenzione a quest'aspetto della musica piuttosto che alla creatività ed espressività del brano, concentrandosi dunque sulla combinazione di "più linee melodiche indipendenti in modo soddisfacente dal punto di vista armonico e ritmico [...] per costruire opere complesse ed espressive". (Autori vari, 2023)
Ne "*L'arte della fuga*" (1740-1751), Bach esplora sistematicamente le diverse possibilità contrappuntistiche imitative di un semplice tema in re minore di dodici note, utilizzando i metodi compositivi precedentemente citati, partendo dal tema principale, quali il movimento diretto, inverso e retrogrado, ma anche l'aumento e la diminuzione del ritmo, la derivazione di temi secondari e l'introduzione di temi differenti a loro volta modificati.
Di seguito osserviamo l'inizio del primo contrappunto, e a seguire alcune variazioni presenti nei successivi.

Notiamo come il tema iniziale

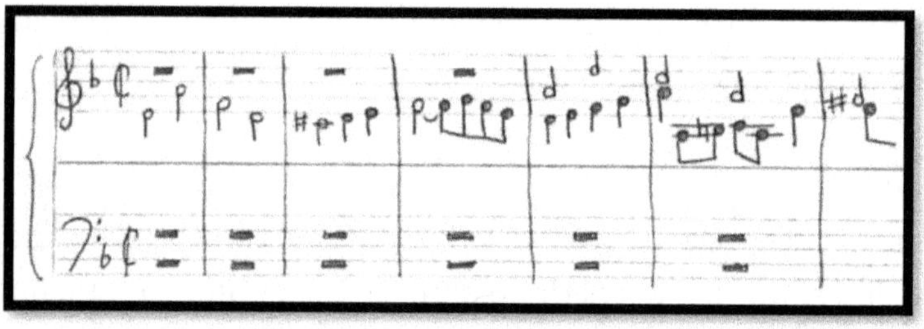

viene modificato da una variazione ritmica, con l'utilizzo del ritmo puntato,

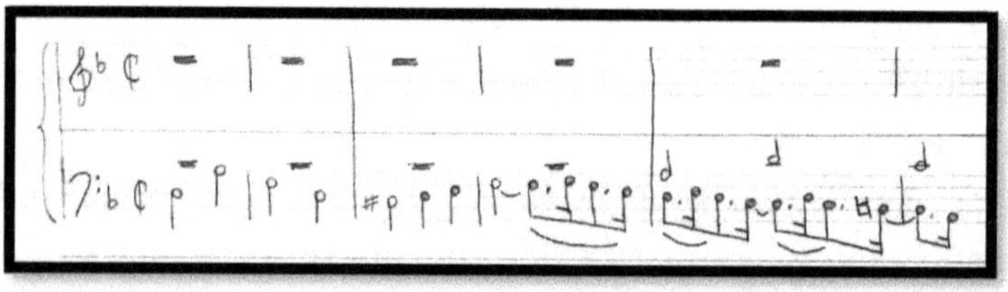

dall'utilizzo del movimento inverso,

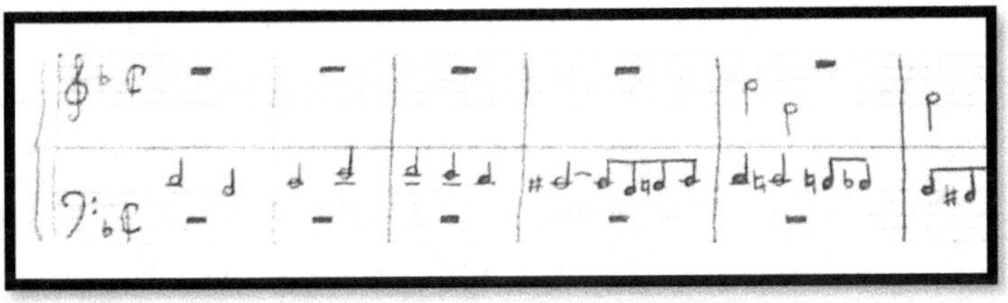

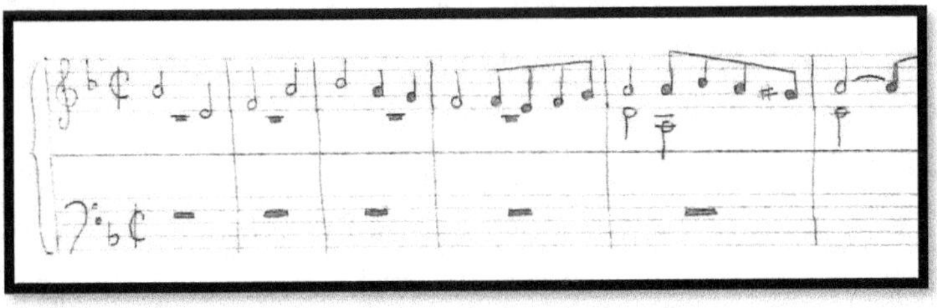

da una variazione ritmica e dall'utilizzo del movimento inverso.

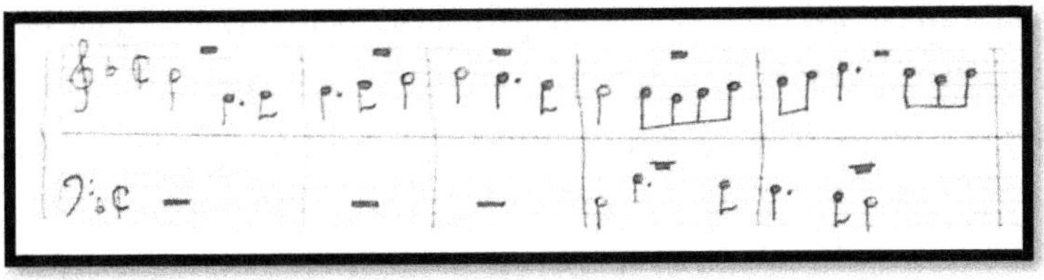

Questi sono alcuni degli esempi più semplici, ma è estremamente interessante osservare quante variazioni si possano creare, e quanto si possa creare attraverso numerose variazioni di un singolo tema di partenza, applicando trasformazioni isometriche allo spartito e alle cellule melodiche.
Senza dilungarmi in ulteriori spiegazioni, propongo di seguito l'osservazione di un estratto del "Clavicembalo ben Temperato", tratto dal Praeludium I.

Un'altra curiosità interessante sul personaggio di Bach riguarda la sua passione per i numeri e la numerologia. Un numero che gli stava

molto a cuore è il numero 14, che, se pensiamo di associare a ogni lettera dell'alfabeto un numero in successione cardinale (A=1, B=2, C=3, etc), rappresenta la somma dei numeri corrispondenti alle lettere del suo nome: associamo a BACH i numeri 2 (B), 1 (A), 3 (C), 8 (H). Sommando 2+1+3+8 otteniamo il numero 14, utilizzato in modo ricorrente nella sua musica (es. suddivisione di alcuni brani in 14 parti). Come raccontato da Odifreddi (2017), nel 1747 entra in un'associazione di musicisti matematici, scegliendo di entrarci proprio quell'anno in quanto contenente per ben due volte il numero 14 (1 e 4, e 7+7=14). E poiché bisognava portare una propria rappresentazione (un quadro a differenza delle attuali fotografie), si fece raffigurare con un abito avente 14 bottoni, e con in mano un "Canone enigmatico", in cui era scritto solo il tema da risolvere, di cui esistono centinaia di soluzioni, la prima delle quali è stata trovata circa un secolo dopo in quanto veramente molto nascoste e complesse da individuare, per lo meno senza l'utilizzo di un computer che oggi riesce a trovarle in modo abbastanza veloce.
"Il genio di Bach nel combinare il complesso contrappunto e l'armonia era ineguagliabile". La sua musica "continua ad essere venerata per la sua profondità intellettuale, l'espressività emotiva e la brillantezza tecnica". (Autori vari, 2023).

6.2. Mozart

Wolfgang Amadeus Mozart (1756-1791) è uno dei più celebri compositori della storia della musica, in grado di creare composizioni caratterizzate da bellezza, ordine, equilibrio.
La struttura di molte sue composizioni segue schemi matematici precisi, come la forma sonata o la forma rondò, che aiutano a fornire una coesione e un senso di direzione all'interno dell'opera.
La forma sonata è una delle forme più comuni nella musica classica ed è spesso strutturata in tre parti:

- *esposizione*, in cui vengono presentati i temi, le tonalità e le chiavi principali;

- *sviluppo*, in cui i temi vengono manipolati, variati e combinati in modi nuovi e sorprendenti;
- *ripresa*, in cui la composizione arriva a una conclusione con i temi che tornano nella tonalità originale o in una tonalità correlata.

La proporzione tra le diverse sezioni (esposizione, sviluppo, ripresa) contribuisce a conferire un equilibrio matematico alla struttura complessiva della composizione, in cui le tonalità assumono un'importanza fondamentale. Ogni tonalità ha una relazione armonica con le altre, può essere esplorata matematicamente, misurata in semitoni, rappresentata su una scala geometrica.
Un esempio di relazione tra tonalità è la progressione delle quinte: se si inizia da una tonalità e si sale di una quinta (sette semitoni) per raggiungere la successiva, si ottiene una successione che può essere rappresentata in una struttura circolare chiamata "circolo delle quinte". Questa esprime una proprietà di aritmetica modulare in modulo 12 e rappresenta le relazioni tra i 12 semitoni della scala cromatica, in cui ogni nota risulta adiacente in senso orario alla sua dominante e in senso antiorario alla sua sottodominante (es. SOL e FA rappresentano rispettivamente dominante e sottodominante di DO).

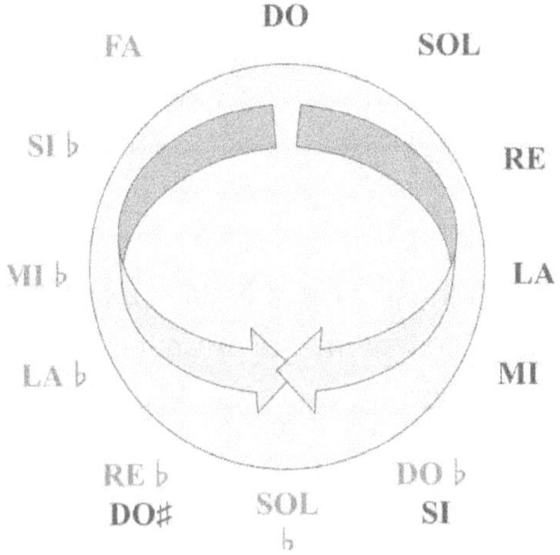

L'aritmetica modulare, chiamata anche aritmetica dell'orologio, costituisce un importante ramo della matematica, sulla base del quale i numeri si riavvolgono su sé stessi quando raggiungono i multipli di un numero chiamato modulo, che in questo caso corrisponde a 12. Un esempio ben noto di forma sonata nelle composizioni di Mozart è il primo movimento della sua Sonata per pianoforte n. 16 in Do maggiore, K. 545, conosciuta come "Sonata facile", scritta nel 1788.

Negli estratti seguenti si può osservare che la sonata inizia con un'esposizione del tema musicale principale, nella tonalità principale di DO maggiore, esposto in modo chiaro e distintivo.

Dopo l'esposizione, la musica entra nella sezione di sviluppo, con la variazione dei temi precedentemente presentati, cambiamenti ritmici, introduzione di nuovi temi.

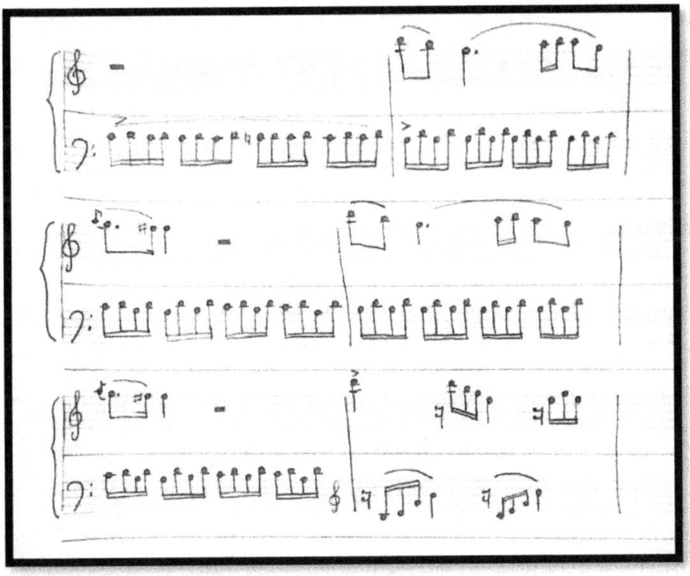

Con la ripresa si torna ai temi principali, con alcune variazioni o decorazioni per mantenere l'interesse.

La forma sonata fornisce una struttura ben organizzata, che permette al compositore di esporre, sviluppare e ripetere i temi musicali principali in modi creativi, e Mozart riesce a realizzare tale struttura adoperando una straordinaria maestria nella manipolazione dei temi, in grado di rendere accattivante, coerente e piacevole la sua composizione.

La forma rondò, invece, è una struttura in cui un tema principale, chiamato tema ritornello, si ripete e ritorna più volte alternato a delle sezioni contrastanti, chiamate episodi, che aiutano a mantenere l'attenzione e a creare un equilibrio tra coerenza e varietà.
Questa struttura può essere rappresentata come A-B-A-C-A-D-A, dove A rappresenta il tema ritornello e B, C, D sono gli episodi che forniscono variazioni e contrasti.
Può anche essere espressa in schemi numerici come 5-parti (A-B-A-C-A) o 7-parti (A-B-A-C-A-D-A).
Un esempio di forma rondò nelle composizioni di Mozart è il movimento finale della sua Sonata per pianoforte n. 11 in La maggiore, K. 331, conosciuto come "Rondò Alla Turca" (1778), in cui il tema principale, presentato all'inizio del movimento, è una melodia vivace e incalzante, caratterizzata da ritmi energici e intervalli distintivi che richiamano la musica popolare turca.
Tra le ripetizioni di questo, Mozart inserisce sezioni che offrono variazioni melodiche e ritmiche, più riflessive ed espressive, fornendo un contrasto rispetto al carattere del ritornello, che viene ripetuto dopo ogni episodio, con piccole variazioni o aggiunte per mantenere l'attenzione dell'ascoltatore.
In questo caso non riporto lo spartito, ma consiglio di dedicare qualche minuto alla fruizione dell'opera, facilmente reperibile anche su YouTube e sicuramente già conosciuta e familiare a molti, in quanto attraverso l'ascolto è facilmente riconoscibile la struttura di cui si è parlato.
Prendendo come altro esempio la Sinfonia n.40 K.550, famosa soprattutto per la sua profondità espressiva, è interessante notare che il fulcro centrale di tutta l'opera è rappresentato dal tema iniziale, che

ricorre costantemente in tutti i movimenti della Sinfonia, assumendo ogni volta una nuova forma.
È importante ribadire che, sebbene la matematica possa costituire uno strumento utile per l'analisi, la creazione e la comprensione dell'organizzazione musicale, la musica rappresenta in realtà un'equazione molto più complessa, in cui giocano un ruolo chiave aspetti legati alla creatività, all'espressività, alle emozioni e alle idee del compositore.
Questo discorso è essenziale ancora di più in riferimento alla musica di Mozart, che utilizzava schemi dalla struttura matematica e geometrica ma alla sua maestria in questo campo aggiungeva la sua nota genialità e il suo stile personale.
E lo stesso discorso è naturalmente essenziale anche in riferito alle opere di Bach, caratterizzate certamente da una grande precisione geometrica e organizzazione architettonica ma al contempo profondamente contaminate dalla sua personalità e in particolar modo dalla sua fede.
Una curiosità sulle creazioni matematiche di Mozart la ritroviamo nel famoso gioco musicale con i dadi (Musikalisches Würfelspiel), un metodo di composizione basato sul lancio casuale di due dadi e sull'utilizzo di 176 battute da lui composte, utilizzato per creare composizioni musicali improvvisate con una struttura di base predefinita ma con variazioni che dipendono dai risultati dei lanci, attraverso cui si determinano l'ordine e il contenuto delle sezioni musicali da eseguire.
Per "giocare" servono due dadi e le due tabelle in cui sono state disposte le 176 battute. Nella prima tabella (11x16), le righe sono numerate da 2 a 12 per indicare i numeri che possono uscire attraverso il lancio dei dadi, e le colonne sono numerate da 1 a 16 per indicare il numero del lancio (16 lanci in tutto).
All'interno di ogni casella della tabella è indicato il numero di una battuta diversa tra le 176 composte.
La seconda tabella (6x16) è costruita in modo analogo alla prima ma contiene solo 6 righe e prevede l'utilizzo di solo un dado: le righe sono numerate da 1 a 6 per indicare i numeri che possono uscire dal

lancio del dado, le colonne sono sempre numerate da 1 a 16 per indicare il numero del lancio.
Se, ad esempio, dal primo lancio dei dadi si ottiene il numero 3, si dovrà scrivere come prima battuta quella corrispondente al numero indicato nella casella di intersezione tra colonna 1 e riga 3.
Attraverso il gioco è possibile comporre con semplicità un valzer in forma di minuetto, strutturato in tre parti, la prima delle quali è uguale anche alla terza.
La prima (e terza) parte, realizzata attraverso quello che possiamo chiamare primo round, corrispondente all'utilizzo della prima tabella, costituisce il minuetto, e comprende 11^{16} combinazioni possibili, in quanto ognuna delle 16 battute ottenute dai 16 lanci dei 2 dadi può essere individuata tra le 11 battute indicate nella colonna corrispondente.
Allo stesso modo, la seconda parte della composizione, realizzata attraverso il secondo round di gioco e corrispondente all'utilizzo della seconda tabella, costituisce il trio e comprende 6^{16} combinazioni possibili, in quanto ognuna delle 16 battute ottenute dai 16 lanci del dado può essere individuata tra le 6 battute indicate nella colonna corrispondente.
In totale, il gioco può permettere dunque di comporre un numero possibile di opere musicali pari a $11^{16} \times 6^{16} = 1{,}3 \times 10^{29} = 129.629.238.163.050.258.264.287.932.416$.
Questo sistema di composizione potrebbe sembrare casuale, ma la sua creazione richiedeva in realtà una profonda conoscenza della teoria musicale e dell'armonia che potesse garantire che le varie sezioni combaciassero in modo coerente e piacevole.
Con la creazione di questo sistema, Mozart ci mostra ancora una volta la sua genialità, adoperata in questo caso nell'adattare un approccio apparentemente casuale alla creazione musicale, mostrando ancora una volta la sua versatilità e abilità come compositore, nonché la sua creatività e il suo spirito giocoso.
Ci si può dilettare non solo a comporre musica, ma anche ad individuare le probabilità matematiche di ottenere un determinato numero o una determinata battuta.

7. La musica seriale

Nel XX secolo, tra creatività e sperimentazione, i musicisti superano i confini tradizionali di armonia e tonalità, portando nel campo della musica numerose e particolari innovazioni.

7.1. Arnold Schoenberg e la musica dodecafonica

Arnold Schoenberg (1874-1951) è stato un compositore, teorico musicale e pittore di origine austriaca, considerato una delle figure più influenti nello sviluppo della musica classica occidentale del XX secolo, importante soprattutto nel campo di atonalità, serialismo e composizione a dodici toni, sebbene il suo stile fosse inizialmente considerato controverso e non ampiamente accettato.

Influenzato da compositori come Richard Wagner e Gustav Mahler componeva inizialmente in uno stile romantico tardivo, realizzando opere come "Notte trasfigurata” e "Gurre-Lieder”.

Intorno al 1908 ha iniziato a esplorare l'atonalità, un approccio compositivo che inizia a liberare la musica dai tradizionali centri tonali, non organizzando più la relazione tra le altezze sulla base di un’altezza centrale (la tonica), ma utilizzando piuttosto armonie dissonanti e irrisolte senza definire una tonalità, perdendo l’equilibrio armonico e il senso di risoluzione che caratterizzano la musica tonale. Quest’ultima è, infatti, caratterizzata da una parvenza di completezza in quanto prevede l’alternanza di consonanze e dissonanze, e dunque di calma e tensione. Inoltre, in essa le dissonanze si risolvono sempre nelle consonanze creando un effetto piacevole all’ascolto.

Nella musica atonale, invece, non esiste più la dipendenza della dissonanza dalla consonanza: le dissonanze sono indipendenti e non necessariamente seguite da consonanze in cui risolversi.

In questo modo, secondo Schoenberg, era possibile liberare la musica dai vincoli della tonalità tradizionale e renderla maggiormente espressiva e innovativa, con le sue armonie dissonanti e i suoi ritmi stridenti.

Partendo dagli studi sull’atonalità, nei primi anni '20 Schoenberg teorizza e sviluppa la tecnica a dodici toni, nota anche come serialismo o dodecafonia: un nuovo linguaggio della musica che

rappresenta una rottura radicale con la tradizione e utilizza come base dell'intera composizione le 12 altezze della scala cromatica.
Queste sono disposte in un ordine preciso, in una fila o serie (da cui il termine "serialismo"), a partire dalla quale vengono attuate manipolazioni e variazioni per la creazione della musica.
Per fornire una struttura ordinata e coerente, le 12 note assumono la stessa importanza le une delle altre, per cui ognuna di esse può essere ripetuta esclusivamente dopo aver esaurito l'intera serie, in modo che nessun suono possa prevalere sugli altri, producendo un effetto dissonante e di tensione, prevedibile ma di difficile comprensione e sgradevole all'ascolto, "creando musica senza musica, [...] ambigua e inquietante per gli ascoltatori senza una chiara tonalità tonica". (Autori vari, 2023)
L'idea che ogni nota debba avere la stessa importanza è strettamente connessa al concetto di "atonalità" o "assenza di tonalità", centrale nell'approccio compositivo della dodecafonia.
In un contesto tonale tradizionale, le note sono organizzate gerarchicamente all'interno di una tonalità o di un'armonia, e alcune (come la tonica) tendono ad avere un peso maggiore rispetto ad altre.
Nella dodecafonia si cerca di eliminare questa gerarchia tonale, attraverso l'adozione della "serie dodecafonica" di 12 suoni, ognuno con la stessa importanza e ognuno ripetuto, come detto, solamente dopo che tutti gli altri sono apparsi esattamente una volta.
Per creare coerenza nella struttura e nelle relazioni tra le 12 note, la serie viene manipolata e variata, attraverso diverse tecniche prevalentemente geometriche, tra le quali ritroviamo gli stessi movimenti di cui si è parlato nel paragrafo precedente, da quello dritto, a quello retrogrado (dall'ultimo al primo suono della serie), a quello inverso (con l'inversione speculare della direzione degli intervalli), a quello retrogrado-inverso o inverso-retrogrado.
La tecnica di composizione dodecafonica è stata, infatti, criticata soprattutto "per la sua complessità e difficoltà: alcuni l'hanno definita matematica o accademica".
(Autori vari, 2023)

7.2. Anton Webern e la serialità integrale

Come abbiamo visto, la dodecafonia è un metodo di composizione che, con l'obiettivo di evitare la tonalità tradizionale, si basa sulle 12 note della scala cromatica, disposte in un ordine specifico chiamato "serie" che può essere utilizzato nella sua forma originale, ma anche manipolato attraverso variazioni come inversioni, retrogradi e retrogradi-inversioni.

I principali allievi di Schoenberg furono Alban Berg e Anton Webern (1883-1945).

Quest'ultimo, in particolare, ha portato il lavoro sulla dodecafonia a un'evoluzione più completa e rigorosa, estendendo il concetto di serie a quella che viene chiamata "serialità integrale" in quanto, oltre a serializzare le altezze delle note, coinvolge anche altre caratteristiche musicali come, ad esempio, la durata.

Si crea così un'organizzazione della musica estremamente complessa in termini di struttura, in cui ogni elemento è organizzato in base a una serie predefinita con una meticolosa attenzione ai dettagli e un alto grado di controllo compositivo.

Come la dodecafonia, anche l'approccio della serialità integrale, sviluppato sempre nel XX secolo, ha lo scopo di esplorare nuove possibilità espressive e di sfidare le convenzioni musicali tradizionali, e a questa segue lo sviluppo di numerosi approcci compositivi che utilizzano la "musica seriale" e che coinvolgono la creazione di strutture musicali basate su serie di elementi.

Si ricordano compositori come Pierre Boulez, Karlheinz Stockhausen e Milton Babbitt.

8. Onde sonore

Il suono, l'abbiamo visto sin dalle sperimentazioni di Pitagora, è definito come il prodotto delle vibrazioni di un corpo che si propagano all'interno di un mezzo materiale, come l'aria o l'acqua, portando in vibrazione le particelle dello stesso.

Iniziando da quelle immediatamente adiacenti al corpo vibrante, il suono viene trasmesso attraverso un'onda sonora (o onda acustica).

8.1. Rappresentare un suono: la sinusoide e l’analisi di Fourier

Se osserviamo in un computer, o in un telefono, l’immagine di un suono in riproduzione, quando ad esempio ascoltiamo una canzone, abbiamo la possibilità di visualizzare una struttura molto complessa, che possiamo descrivere proprio come un insieme di onde in movimento, che crescono e decrescono, si alzano e si abbassano, si ampliano o si riducono, si velocizzano o rallentano.

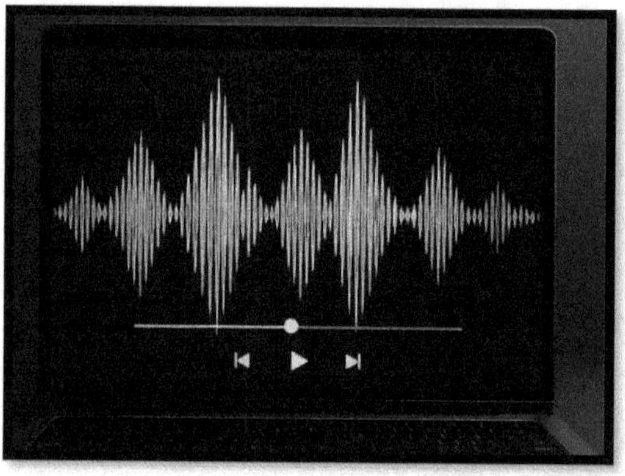

Le onde sonore rappresentano un concetto essenziale nell'ambito dell'acustica. Esse costituiscono le oscillazioni compiute dalle particelle in un mezzo materiale, come l'aria o l'acqua, in cui esse si spostano nella stessa direzione di propagazione dell'onda ad una velocità che varia in relazione alle proprietà del mezzo. Ad esempio, nell'aria e con 20°C la velocità del suono è di circa 343 metri al secondo, e può variare leggermente in base a fattori come umidità, pressione atmosferica e composizione dell'aria (aumentando con l'aumento della temperatura, poiché le molecole d'aria si muovono più rapidamente a temperature più elevate). Nel vuoto, invece, in assenza di aria e in generale di particelle che possano trasmettere l'onda, il suono non può propagarsi.

Similmente alle onde oceaniche, sono caratterizzate da creste e valli: le creste rappresentano i punti di massima compressione, dove le particelle sono più vicine tra loro e generano una pressione più elevata, mentre le valli corrispondono ai punti di massima rarefazione, in cui le particelle sono più distanti e causano una pressione più bassa.

La distanza tra due creste o valli consecutive è chiamata “lunghezza d’onda”.

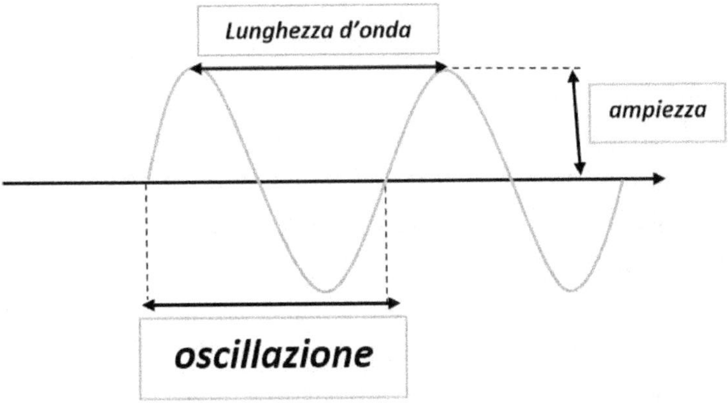

Il numero di oscillazioni complete (cresta e valle) che passano in un dato intervallo di tempo prende il nome di “frequenza” (misurata in *hertz* Hz) ed è inversamente proporzionale alla lunghezza d’onda:

- maggiore è la lunghezza d’onda, più bassa è la frequenza, più grave è il suono corrispondente (es. tamburo);

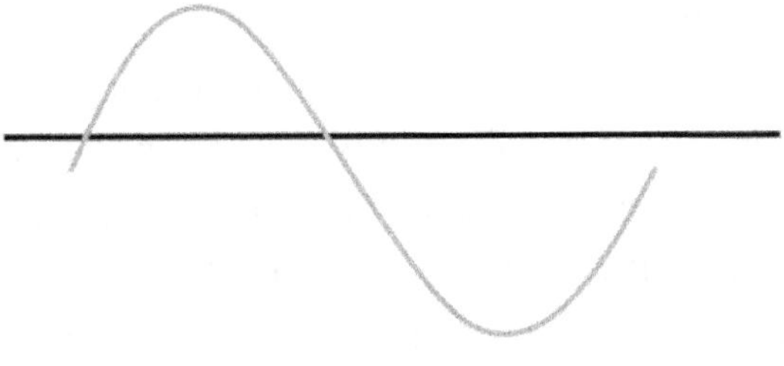

- più corta è la lunghezza d’onda, più alta è la frequenza, più acuto è il suono corrispondente (es. fischio).

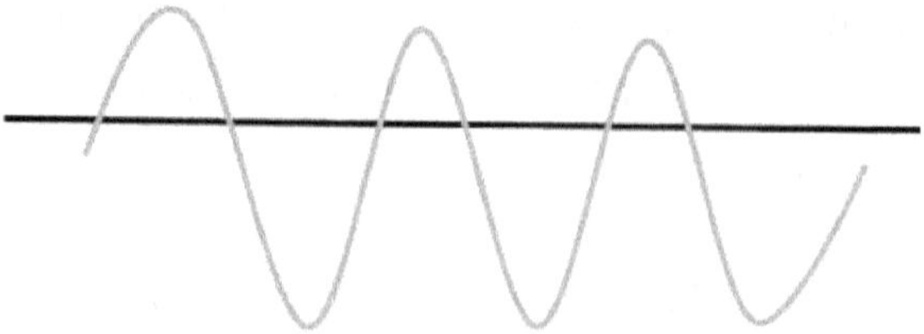

Nel 2013 è stata riportata sulla rivista “Sky and Telescope” la scoperta della nota musicale più bassa conosciuta, prodotta dall’ammasso di galassie Abell 426 (distante dalla Terra circa 250 milioni di anni luce), la cui frequenza ha un valore di $3x10^{-15}$ Hz e corrisponde alla nota SI*b* circa 57 ottave sotto il DO centrale. Per poterla raggiungere occorrerebbe aggiungere 635 tasti su un pianoforte. (Eli Maor, 2018)
I suoni sono, inoltre, sempre più intensi, e dunque più forti e ad alto volume, all’aumentare dell’ampiezza d’onda, che descrive la massima escursione delle particelle dal loro punto di equilibrio.
Il livello di intensità sonora, spesso indicato con il simbolo **L**, si misura in *decibel* **dB** e rappresenta l'energia trasportata dalle onde sonore attraverso l'aria o altri mezzi di propagazione, permettendo di misurare i suoni percepiti dall'orecchio umano, che possono essere più o meno forti.
Il suono più debole che l’udito umano è in grado di percepire corrisponde a 0 dB. Quotidianamente percepiamo suoni che possono variare dai 20 dB di un’ambiente tranquillo agli 80-90 dB del rumore del traffico urbano. Superati i 120 dB circa, l’intensità inizia ad essere pericolosa per l’udito, con livelli che possono essere raggiunti, ad esempio, durante il decollo di un jet. Non molto inferiore alla soglia di 120 dB sono i suoni prodotti dal rumore di un martello pneumatico o addirittura dall’ascolto di musica ad alto volume, che possono raggiungere sino a 100 dB, a conferma dell’importanza che assume la protezione delle orecchie durante queste situazioni, in quanto l’esposizione prolungata ad alti livelli di intensità può causare danni all’udito.

La forma dell'onda ci permette di distinguere i suoni dal rumore: in questo caso le vibrazioni, e dunque le oscillazioni, sono profondamente irregolari, viceversa quando persiste la periodicità dell'oscillazione il suono prodotto è piacevole all'ascolto.
.0Se le oscillazioni sono ben descritte da una forma sinusoidale rappresentano un suono puro, come quello prodotto dal diapason, strumento inventato da John Shore nel 1711 in grado di intonare l'altezza esatta di una specifica nota (Eli Maor, 2018).

Un diapason intonato correttamente su un'unica nota permette di accordare correttamente ogni corda di uno strumento. Come intonazione di riferimento è stata scelta l'altezza della nota LA sopra il DO centrale, equivalente a una frequenza di 440 Hz (misura scelta successivamente rispetto all'invenzione del diapason, e diventata riferimento internazionale ufficiale nel 1939).
Il suono prodotto dal diapason è, come detto, quasi puro e le sue vibrazioni assumono una forma sinusoidale ben definita in quanto prive di armonici.
Una sperimentazione interessante può essere organizzata disponendo di due diapason intonati entrambi sulla stessa frequenza: nel momento in cui uno di questi viene posto in vibrazione e poi fermato, possiamo notare che l'altro, posto a pochi metri di distanza, viene a

sua volta portato in vibrazione rispondendo sulla stessa frequenza (fenomeno della risonanza).
Se, invece, le oscillazioni presentano una forma regolare ma più complessa, rappresentano un suono complesso.
Grazie all'analisi di Fourier (Boyer, 2021), è possibile comprendere come ogni funzione possa essere scritta come somma di funzioni trigonometriche (senso, coseno, tangente).
In questo caso si tratta di funzioni sinusoidali, e ci è possibile comprendere come un suono complesso possa essere scritto come la somma di numerosi suoni semplici, e dunque puri, come quelli del diapason.
Il lavoro di Fourier è stato ulteriormente sviluppato da Hermann von Helmholtz, il quale iniziò, intorno al 1850, a utilizzare dispositivi di risonanza per lo studio della sensazione sonora, cercando di comprendere in che modo l'orecchio umano elabora le diverse frequenze del suono.
Scoprì che un insieme di questi dispositivi di risonanza riusciva a rappresentare in modo sorprendentemente accurato il funzionamento dell'orecchio umano, il quale svolge un'analisi in tempo reale delle onde sonore attraverso un processo noto come trasformata di Fourier, convertendo le varie componenti armoniche del suono in un'organizzazione spaziale: armoniche con diverse frequenze vengono interpretate come stimoli provenienti da posizioni diverse.
La forma assunta dalle oscillazioni descrive, inoltre, un'importante caratteristica del suono, il timbro, che ci consente di distinguere suoni simili prodotti da diverse sorgenti e dunque di discriminare, ad esempio, un brano suonato con un pianoforte dalle stesse note suonate con una chitarra.

8.2. Registrare un suono: dal vinile all'mp3

Nella seconda metà dell'Ottocento, Léon Scott, con l'obiettivo di analizzare graficamente il suono, sviluppò il fonautografo, uno strumento capace di registrare graficamente le onde sonore tracciandole su fogli di carta per mezzo di una puntina e di un diaframma vibrante.

Si passò poi per il fonografo di Edison (1877), in grado di registrare e riprodurre il suono.

Per arrivare, nel 1887, all'invenzione del tedesco Emile Berliner: il grammofono, primo strumento che utilizzava un disco per riprodurre musica.

Si susseguono diverse modifiche sino al disco in vinile nel 1948.

Sui dischi in vinile il suono veniva registrato in modo analogico grazie alla vibrazione che produceva: durante la produzione del suono, veniva posto in rotazione un disco di cera e su questo venivano tracciati dei solchi per mezzo di un ago che si muoveva sulla base delle vibrazioni prodotte dal suono, e dunque variando profondità e direzione. Successivamente, il disco di cera veniva stampato sul disco in vinile e, per riprodurre il suono registrato, questo veniva inserito in uno strumento che funzionava in modo analogo: posto in rotazione

il disco, un ago costituito da una puntina di diamante o di materiale sintetico si muoveva all'interno dei solchi incisi su di esso, leggendo l'informazione sonora e riproducendo le medesime vibrazioni e, dunque, lo stesso suono. Odifreddi (2017) lo definisce simpaticamente come "un trucco" in quanto, dice, il suono c'era e veniva semplicemente registrato esattamente com'era.
Le vibrazioni venivano elaborate per mezzo di un fonorivelatore (o testina fonografica), in grado di rilevare la traccia audio sfruttando l'induzione elettromagnetica per la lettura degli spostamenti della puntina. L'ago era montato all'estremità di un braccio mobile, in modo da seguire i solchi sul vinile in rotazione. Poiché i solchi contengono variazioni continue nella loro profondità e forma, l'ago subisce movimenti verticali e laterali che vengono trasmessi, attraverso il braccio e una serie di componenti meccanici, a una testina fonografica contenente cristalli di ceramica o altri materiali sensibili alle variazioni di pressione.
Questi generano una piccola corrente elettrica, proporzionale alle variazioni fisiche indotte dall'ago. La corrente elettrica generata dalla testina fonografica è molto debole e richiede un'ulteriore amplificazione: il segnale viene inviato, attraverso i cavi collegati alla testina e al giradischi, a un preamplificatore, per mezzo del quale viene amplificato e può così essere inviato agli altoparlanti ed essere riprodotto come suono udibile. In questo modo le variazioni fisiche dei solchi presenti sui vinili si trasformano in segnali elettrici, che possono poi essere amplificati e riprodotti attraverso un sistema audio.

Con lo sviluppo degli studi nel campo dell'analisi matematica, e con la nascita della registrazione digitale, la musica viene rappresentata proprio attraverso dei numeri. Se noi dovessimo aprire le informazioni di un file MP3, avremmo la possibilità di leggere, e non solo riprodurre e ascoltare, il suono in esso registrato. Ciò che riusciremmo a leggere è una sequenza numerica, estremamente complessa, costituita da numeri interi, i quali definiscono in successione ognuna delle funzioni sinusoidali che descrivono il suono. Poiché ogni suono è formato da infinite sinusoidi, ogni "scrittura" di quel suono dovrebbe essere rappresentata da un'infinita sequenza di numeri interi. In un file MP3 non è naturalmente possibile racchiudere una serie infinita di numeri, per cui questa va ridotta a una serie finita che permette al suono di avere una qualità non perfetta ma migliore in relazione alle approssimazioni: più tagli vengono effettuati, e dunque più corta è la sequenza, e più bassa è la qualità del suono; meno tagli vengono effettuati, e dunque più lunga è la sequenza, e più alta è la qualità del suono.

E questo è strettamente collegato alle dimensioni del file, e spiega per quale ragione i file MP3 che occupano più memoria hanno una qualità migliore, in quanto le informazioni che contengono sono più accurate e dettagliate e presentano una quantità inferiore di tagli e riduzioni.

Allo stesso modo anche i film vengono registrati analogamente e presentano dimensioni maggiori in relazione a una migliore qualità, che deve tener conto sia delle informazioni relative all'audio sia delle informazioni relative, ad esempio, alle immagini, aumentando ancora di più la complessità del codice. (Odifreddi, 2017)

9. Il numero aureo

Il numero aureo è un concetto affascinante che unisce matematica, arte e natura in un modo che ha affascinato le menti umane per secoli.

Spesso indicato con la lettera greca **φ** (phi), è una costante matematica che si esprime attraverso il numero irrazionale che approssimativamente corrisponde a **1,6180339887**.
La sua definizione matematica può essere espressa attraverso l'equazione:

$$\varphi = \frac{(1 + \sqrt{5})}{2}$$

Una delle caratteristiche più interessanti del numero aureo è la sua proprietà di proporzione aurea, o sezione aurea, che si verifica quando una linea viene divisa in due parti da un punto E in modo che il rapporto tra la lunghezza totale AB e la parte più lunga AE sia uguale al rapporto tra la parte più lunga e la parte più corta EB. Matematicamente, la proporzione aurea è data da:

$$\frac{AB}{AE} = \frac{AE}{EB}$$

In cui:

> AE è definita "parte aurea" di AB (o "segmento aureo" rispetto ad AB);
> la costruzione di E è definita "costruzione aurea";
> il rapporto AB:AE è definito "rapporto aureo" e viene indicato con **φ**.

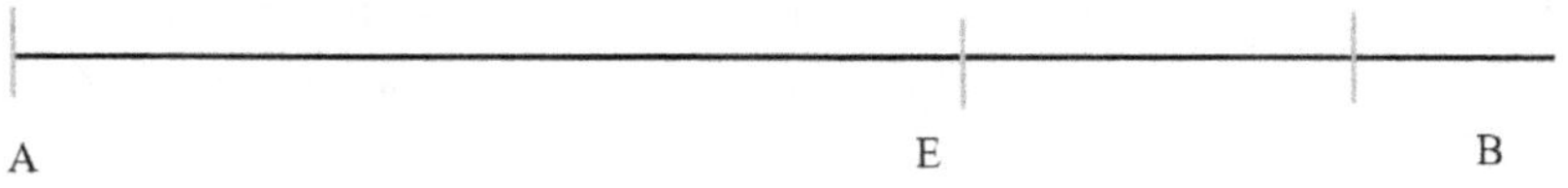

Costruendo un rettangolo ABCD con lati uguali o proporzionali ai segmenti AE e EB, questo viene chiamato “rettangolo aureo”, in quanto i suoi lati AB e BC sono segmenti tra loro in rapporto aureo. Se all’interno di questo rettangolo dovessimo effettuare una rotazione del segmento BC attorno a B, in modo da portarlo sul segmento AB, otterremmo su quest’ultimo un nuovo punto E.

Tracciando un segmento EF, che da E scende perpendicolarmente a BC in modo che F sia posto sul segmento CD, otterremmo due figure: un rettangolo, anch’esso aureo, AEFD, e un quadrato EBCF.

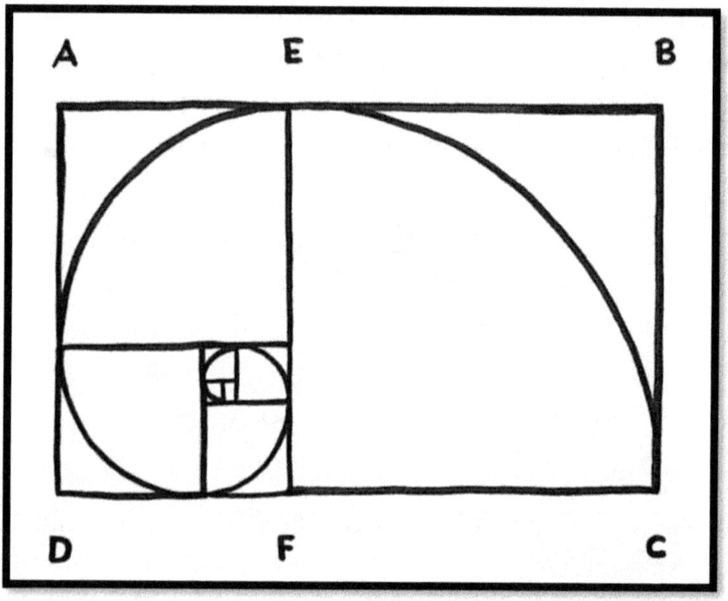

Lo stesso procedimento può essere ripetuto all’interno del rettangolo AEFD, e può essere reiterato all’interno di ogni rettangolo realizzato, ottenendo una sequenza di quadrati e rettangoli aurei.

In ambito matematico, il numero aureo è coinvolto in una particolare sequenza numerica nota come successione di Fibonacci, in cui ogni elemento dal terzo in poi è dato dalla somma dei due numeri precedenti:

1, **1**, **2** (1+1), **3** (1+2), **5** (2+3), **8** (3+5), **13** (5+8), **21**, (8+13) …

Johannes Kepler (1571-1630) notò che, al crescere della sequenza, risolvendo i rapporti tra numeri consecutivi della successione, si trovano valori sempre più vicini al valore del numero aureo:

$$
\begin{gathered}
3:2 = 1{,}5 \\
5:3 = 1{,}6 \\
8:5 = 1{,}6 \\
13:8 = 1{,}625 \\
\dots \\
987:610 = 1{,}618032 \\
\dots
\end{gathered}
$$

Per cui:

$$\lim_{k \to +\infty} \frac{F_k}{F_{k-1}} = \varphi$$

Senza entrare nel dettaglio della spiegazione matematica, rimando ai libri di D'Amore & Sbaragli (2017; 2018) e di Boyer (2015), in modo da approfondire entrambi gli argomenti, in relazione ai quali gli autori riportano anche alcune curiosità che ritengo particolarmente interessanti e affascinanti.

Vediamo ora, invece, in che modo questo discorso stabilisce delle connessioni con la musica.

La proporzione aurea è stata riconosciuta fin dall'antichità come esteticamente piacevole e armonica, ed è stata utilizzata in arte e architettura per progettare opere visivamente gradevoli e creare un senso di equilibrio e bellezza. La lettera stessa, φ, scelta per rappresentare il numero aureo, deriva dal nome non di un matematico ma di uno scultore, Fidia.

E, oltre al suo utilizzo in campo artistico, esso appare anche in natura, come nella disposizione dei semi di un girasole, nelle spire di alcune conchiglie marine, nei pattern di crescita delle piante, e persino nelle proporzioni del corpo umano.
Quello che a noi interessa in modo particolare è come, in modo più o meno consapevole, le proprietà della sezione aurea siano state applicate anche nella composizione musicale.
Riprendiamo ancora una volta la musica di Mozart, sulla base della quale abbiamo introdotto la struttura in tre parti che caratterizzava la forma sonata.
John F. Putz (1995), affronta il caso particolare di Mozart per valutare se esistano prove convincenti a sostegno dell'ipotesi che le sue opere riflettono il rapporto aureo.
La musica di Mozart è infatti caratterizzata da proporzioni e simmetrie tanto elevate quanto affascinanti.
Scrive Putz: "La musica e la matematica sono state felicemente intrecciate sin dall'antichità; quindi, non è sorprendente quando il talento in una di esse accompagna l'entusiasmo per l'altra".
Mozart, ad esempio, pare avesse sin da bambino una grande passione per la matematica, e la sorella Nannerl ricorda che, durante i suoi studi, "parlava di nulla, pensava a nulla se non ai numeri" e una volta aveva ricoperto di numeri tutte le pareti della scala e di tutte le stanze della loro casa, per poi continuare anche nelle case dei vicini.
E, all'età di 14 anni, le scrisse chiedendole di inviargli tavole aritmetiche e altri esercizi di aritmetica.
(lettere del 1770)
Altra curiosità riguarda i margini del manoscritto della "Fantasia e Fuga in Do maggiore", che contengono i calcoli di Mozart sulla probabilità di vincere alla lotteria.
Alfred Einstein, uno dei biografi di Mozart, scrisse: "Il piacere di giocare con i numeri rimase con Mozart per tutta la sua vita".
Dall'età di 18 anni, Mozart inizia a comporre le sue 19 sonate per pianoforte, quasi tutte composte da tre movimenti, ognuno dei quali suddiviso, come già abbiamo visto, in tre parti: esposizione, sviluppo e ripresa.

Nelle quali il tema viene, come suggeriscono i termini, esposto e dunque introdotto, sviluppato e dunque modificato, ripreso e dunque riproposto come nell'esposizione con eventualmente qualche leggera variazione.
Putz, nel suo studio, raggruppa le ultime due parti (sviluppo e ripresa) in modo da suddividere a metà l'intero movimento: evoluzione+sviluppo&ripresa.
In questo modo si ottiene una struttura analoga a quella del segmento AEB che abbiamo analizzato prima, sulla base del quale AB risulta essere l'intero componimento, EB l'esposizione, e AE sviluppo&ripresa.
A questo punto, Putz raccoglie in una tabella i dati relativi a 29 movimenti delle sonate di Mozart, divisi ciascuno in due sezioni distinte come descritto.
Di seguito riproduco la tabella dell'articolo di Putz, all'interno della quale ogni riga fa riferimento a uno dei tre movimenti della sonata indicata.
I numeri si riferiscono al catalogo Kochel, all'interno del quale sono raccolte e numerate tutte le opere di Mozart.
Ad esempio, "**279, I**" significa che i dati presentati si riferiscono al primo movimento della sonata K.279.
Accanto ad ogni movimento, Putz riporta la durata (corrispondente al numero delle battute) della prima parte (esposizione) indicata con ***a***, della seconda parte (sviluppo&ripresa) indicata con ***b***, e del movimento complessivo indicata con ***a+b***.

Prendendo ad esempio il primo movimento della prima sonata, K. 279, notiamo che questo è lungo 100 battute e viene diviso in modo che la sezione di esposizione sia lunga 38 battute e che la sezione di sviluppo&ripresa abbia una lunghezza di 62.
Questa, scrive Putz, "è una divisione perfetta secondo il rapporto aureo, nel senso che un movimento di 100 misure non potrebbe essere diviso in modo più vicino (in numeri naturali) al rapporto aureo di 38 e 62".

Köchel	a	b	a + b
279, I	38	62	100
279, II	28	46	74
279, III	56	102	158
280, I	56	88	144
280, II	24	36	60
280, III	77	113	190
281, I	40	69	109
281, II	46	60	106
282, I	15	18	33
282, II	39	63	102
283, I	53	67	120
283, II	14	23	37
283, III	102	171	273
284, I	51	76	127
309, I	58	97	155
311, I	39	73	112
310, I	49	84	133
330, I	58	92	150
330, II	68	103	171
332, I	93	136	229
332, II	90	155	245
333, I	63	102	165
333, II	31	50	81
457, I	74	93	167
533, I	102	137	239
533, II	46	76	122
545, I	28	45	73
547a, I	78	118	196
570, I	79	130	209

Se proviamo, infatti, a dividere 62 per 38, otteniamo 1,63157895. Dividendo 100 per 62, otteniamo ancora 1,61290323.
Abbiamo detto che il numero aureo corrisponde a **1,6180339887**, per cui i due rapporti si distanziano da questo per una distanza di solo 0,005 circa e 0,01.

Bastano minime variazioni nel numero di battute delle due parti del movimento per rendere il rapporto ***b/a*** e il rapporto ***(a+b)/b*** molto meno aureo.
Se, ad esempio, Mozart avesse diviso le 100 battute in 39+62 (piuttosto che in 38+61), i rapporti corrisponderebbero a 61/39 = 1,56410256 e 100/61 = 1,63934426, i quali si distanziano da φ per 0,05 e 0,02 (rispetto ai precedenti 0,005 e 0,01).
La differenza è già abbastanza considerevole e abbiamo spostato semplicemente una battuta, dalla seconda alla prima parte, a conferma della profonda precisione che distingue la struttura armonica delle sonate di Mozart.
Allo stesso modo, il secondo movimento della sonata (74 battute), è diviso in 28+46, combinazione più vicina al rapporto aureo rispetto a qualunque altra possibile con quel numero di battute.
È pur vero, al contempo, che il terzo movimento della stessa sonata non è così ben suddiviso, in quanto b risulta essere composto da 102 battute ma, per poter essere più vicino al rapporto aureo dovrebbe essere composto da 98 battute.

Nella figura, di seguito, riproduco approssimativamente le raffigurazioni dell'articolo di Putz, in cui viene rappresentato il grafico a dispersione di ***a*** rispetto a ***b*** con la linea $y = \varphi x$ (in basso) e la linea di regressione (in alto).

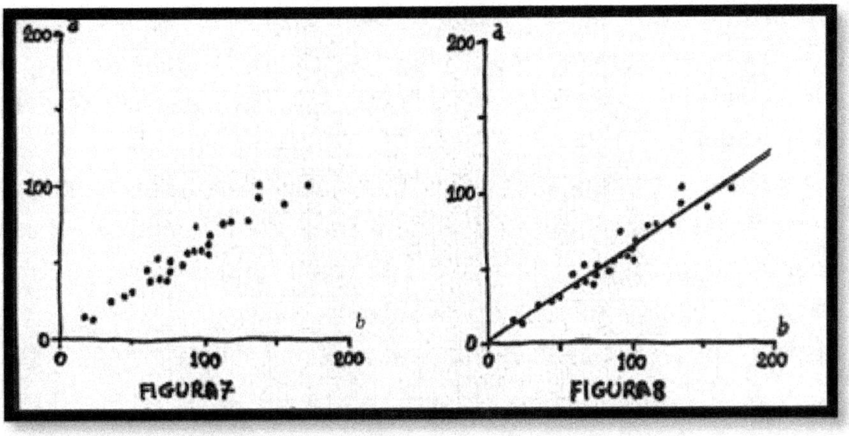

I punti risultano concentrati in prossimità della linea retta, a dimostrazione del fatto che esiste una relazione di carattere quasi lineare tra la durata delle due sezioni.
E ancora più lineare risulta la relazione tra la lunghezza complessiva ***a+b*** e la lunghezza della seconda parte ***b***.
Putz scopre che, quando ***b/a*** (con $0 \leq a \leq b$) ha un valore molto vicino a quello della sezione aurea, ***(a+a)/b*** ha un valore ancora più vicino a quello di φ rispetto al valore di ***b/a***.
Per la dimostrazione matematica, e per una spiegazione più approfondita, rimando direttamente all'articolo di Putz (1995).
Come da lui osservato, "dobbiamo ricordare che queste sonate sono opere di un genio, e di uno che amava giocare con i numeri", è possibile che Mozart conoscesse la proporzione aurea e ne avesse fatto un uso consapevole nelle sue opere, ma è altrettanto possibile che si tratti di una coincidenza dovuta al profondo senso della forma del compositore, che potrebbe aver adottato una grande precisione, in modo forse anche intuitivo proprio in relazione alla reale piacevolezza e armonia della proporzione aurea.
Così come nella musica di Mozart, il numero aureo ha ispirato diversi musicisti, alcuni dei quali anche in modo consapevole.
Un caso rappresentativo è rappresentato dalla musica dei Genesis, un gruppo rock britannico degli anni 70 del Novecento.
Un loro brano, "Firth of Fifth", è stato sviluppato sulla base di tre numeri aurei della sequenza di Fibonacci: 55, 34, 13.
Il pezzo è incluso nel noto album "Selling England by the Pound" (1973) ed è considerato uno dei loro brani migliori, in relazione sia alla sofisticata articolazione musicale sia all'essenza stessa della composizione.
È suddiviso in quattro parti: un'introduzione al pianoforte eseguita da Tony Banks, un assolo strumentale eseguito al flauto da Peter Gabriel, un fraseggio pianistico che richiama l'introduzione e, infine, uno assolo di chitarra eseguito da Steve Hackett.
Rispettivamente, i tre assoli contengono 55, 34 e 13 battute.

10. Geometria frattale e nuove tecnologie

Negli ultimi anni del Novecento, il matematico Benoît Mandelbrot introduce il termine “frattale” (derivante dal latino “fractus”: rotto, spezzato) per descrivere quegli oggetti matematici la cui struttura è caratterizzata da un’omotetia interna, per cui la loro forma “si ripete su piccola e grande scala; dunque, prendendo solo una parte della figura o ingrandendone una parte limitata, si ottiene sempre la stessa figura”. (D’Amore & Sbaragli, 2020)
I frattali possono essere generati mediante iterazione di semplici regole matematiche, le quali portano alla realizzazione di strutture geometriche complesse, la cui particolare proprietà prende il nome di auto-similarità (quando si ingrandisce una parte di un frattale, essa assomiglia alla struttura nel suo insieme).
Un esempio semplice di struttura frattale la ritroviamo nel cavolo romanesco: questo può essere scomposto in numerose componenti, la cui struttura appare molto simile a quella generale, e ognuna di queste può a sua volta essere scomposta in numerose altre parti più piccole caratterizzate sempre dalla stessa struttura.

Particolarmente interessante è anche il “fiocco di neve” di Koch (o “stella di Koch”), realizzato a partire da un triangolo equilatero, del quale ogni lato viene diviso in tre segmenti congruenti per poi disegnare su quello centrale un triangolo equilatero con lato che misura 1/3 rispetto a quello di partenza, proseguendo infinite volte su ogni lato di ogni triangolo costruito.

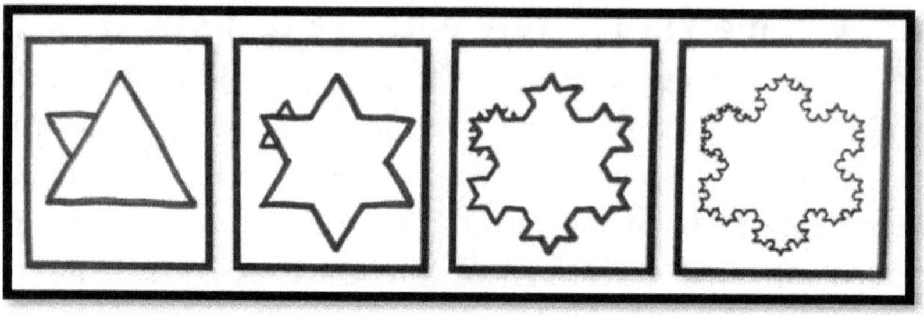

Di seguito, invece, il triangolo frattale di Sierpinski, realizzato sempre a partire da un triangolo equilatero, del quale ogni lato viene diviso in due segmenti uguali per poi, attraverso la congiunzione dei punti medi di ogni lato, costruire infiniti altri triangoli equilateri all'interno di quello di partenza, sempre più piccoli. In questo frattale, come descritto anche da Hofstadter, lo sfondo è a sua volta una figura a sé stante e per questo la figura viene definita "ricorsiva", in quanto figura e figura sfondo risultano essere l'una il risultato accidentale del gesto grafico messo in atto per realizzare l'altra.

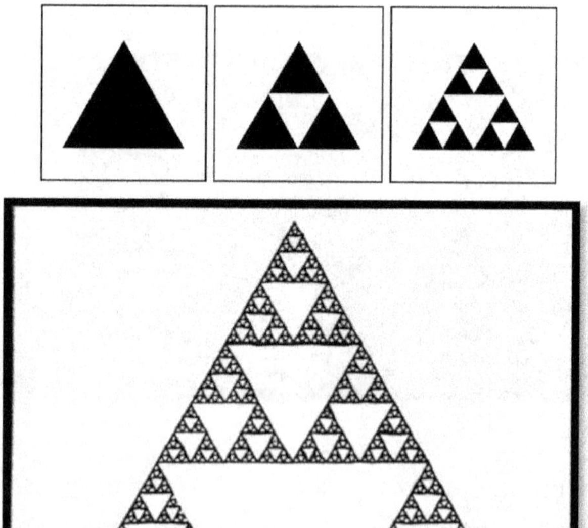

E sicuramente, avendo iniziato questo capitolo parlando di Pitagora, non si può omettere il frattale di Bosman, realizzato a partire proprio dall'illustrazione del teorema di Pitagora.

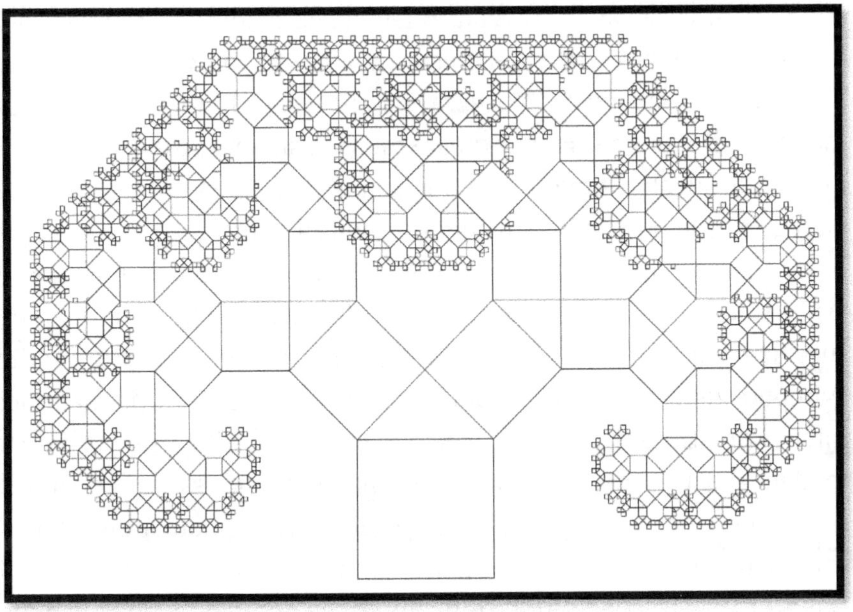

Non è necessario dilungarsi eccessivamente sulle spiegazioni matematiche della geometria frattale, che sono tanto interessanti quanto estremamente complesse. Ci spostiamo all'aspetto che in questo momento ci interessa maggiormente, in relazione alle connessioni di questo argomento con la musica. I frattali sono presenti in molte creazioni della natura, lo abbiamo visto anche con l'esempio del cavolo romanesco, ma possiamo trovarli anche nelle coste frastagliate, negli schemi delle nuvole o in generale nei pattern di crescita delle piante. E numerose esplorazioni di questa particolare struttura sono presenti anche nell'arte e, naturalmente, nella musica. Per visualizzarne un esempio, riprendiamo ancora una volta come riferimento la musica di Mozart e, in generale, la forma sonata che, abbiamo detto, è strutturata in tre parti: esposizione, sviluppo e ripresa. Queste prevedono di iniziare da un tema di partenza al quale si ritorna dopo variazioni e novità. Se noi osserviamo attentamente le

tre parti singolarmente, ci accorgiamo che anche al loro interno vi è spesso un'ulteriore divisione in tre parti che riguarda magari singole cellule.
Naturalmente la geometria frattale è un argomento molto più complesso, ed è stata utilizzata forse anche inconsapevolmente dai musicisti. Ma credo che, in misura anche maggiore rispetto a un utilizzo consapevole, utilizzare inconsapevolmente principi matematici o geometrici per creare musica, sia una prova ancora più grande di quanto le due discipline siano strettamente interconnesse da legami che possiamo considerare naturali e innati.
Nel panorama musicale contemporaneo, invece, sono numerose le esplorazioni consapevoli della geometria frattale, che continuano a suscitare un interesse sempre maggiore, grazie soprattutto allo sviluppo delle nuove tecnologie informatiche. Queste permettono, infatti, di utilizzare concetti matematici e algoritmi per generare modelli musicali dalla struttura estremamente interessante e da una qualità del suono che può essere definita quasi ipnotica per quanto spesso poco orecchiabile. Proprio come i frattali visivi, anche i frattali musicali sono strutture geometriche complesse che vengono realizzate attraverso l'applicazione di semplici regole matematiche, secondo l'approccio dell'auto-similarità, il quale prevede di ripetere un motivo musicale di partenza a diverse scale e a diversi livelli di dettaglio in modo che ogni ripetizione sia una versione più piccola o più grande del motivo originale, creando un senso di coerenza e continuità nella composizione. E sempre in questo senso, possono essere applicate nella struttura delle composizioni le trasformazioni matematiche che abbiamo già visto nei paragrafi precedenti, in modo da creare delle variazioni attraverso inversioni, traslazioni o rotazioni, producendo una versione modificata ma correlata all'originale. E, ancora, possiamo applicare le stesse trasformazioni alla struttura generale della composizione, in modo tale che le singole sezioni siano variazioni o trasformazioni di una sezione principale.
L'approccio più utilizzato nella composizione di musica frattale, ma anche per la creazione di arte visiva e di testo scritto, è quello degli algoritmi generativi, che si basano su regole matematiche, logiche o

procedurali predefinite, relativamente semplici o estremamente complesse in relazione all'obiettivo, per produrre opere che altrimenti sarebbero difficili da concepire manualmente.
Uno degli aspetti più interessanti degli algoritmi generativi è il loro automatismo: dopo aver definito le regole e avviato il processo, l'algoritmo può generare risultati autonomamente, operando spesso attraverso cicli ripetuti in cui le regole vengono applicate a un risultato precedente per crearne uno nuovo, portando a variazioni graduali o drastiche in modo sorprendente. Naturalmente, l'artista può influenzare il processo dell'algoritmo attraverso i parametri di input, come ad esempio il tempo, guidandolo in direzioni specifiche in modo da mantenere un certo livello di controllo creativo; può stabilire una melodia di base in modo che l'algoritmo realizzi variazioni, creando un senso di improvvisazione e cambiamento pur rimanendo sugli stessi elementi di partenza; oppure utilizzare gli output generati dall'algoritmo come base per ulteriori sviluppi, integrando il proprio talento e la propria creatività nel processo. Ciò che conferisce maggiormente alla musica un carattere di piacevolezza, infatti, è l'equilibrio che intercorre tra la prevedibilità e le improvvisazioni: se una delle due prevale eccessivamente sull'altra, l'ascolto inizia a diventare meno piacevole.
Un utilizzo diffuso degli algoritmi generativi è applicato anche, ad esempio, nei moderni videogiochi, per creare colonne sonore dinamiche che si adattano alle azioni e alle scelte dell'utente, rendendo l'esperienza più coinvolgente e personalizzata.

10.1. Algoritmi compositori

Un musicista contemporaneo che si è dedicato in modo particolare all'esplorazione di questo metodo di creazione musicale è **Brian Eno**, che nella seconda metà degli anni Ottanta ha introdotto il concetto di "Generative Music", un tipo di musica che si evolve in modo continuo senza ripetizioni grazie all'ausilio di software informatici. Questo concetto ha trovato espressione nell'album "Generative Music 1 with SSEYO Koan software" (1996), per la cui realizzazione Eno ha utilizzato un sistema generativo, il SSEYO Koan software, in

grado di permettere al compositore di controllare numerosi parametri musicali e sonori sulla base dei quali il computer improvvisa.
Nel libro “A Year with Swollen Appendices” (1996), in riferimento alle evoluzioni della musica inizialmente unica e irripetibile e poi registrata e riascoltabile più volte, Eno scrive che “la musica generativa gode di alcuni dei vantaggi di entrambi i suoi antenati. Come la musica dal vivo è sempre diversa. Come la musica registrata, è libera da limitazioni di tempo e luogo: puoi ascoltarla quando e dove vuoi”.
Nel 1997 ha inoltre sviluppato la musica, sempre generata in modo automatico da questi software informatici, per il videogioco "Spore" di Will Wright, in cui anche i contenuti sono creati da un algoritmo in modo da essere casuali e sempre diversi (procedural generation). Sul canale YouTube “FORA.tv” è disponibile il video di un’interessante conferenza di Eno e Wright dal titolo "Will Wright and Brian Eno - Generative Systems", tenutasi a San Francisco il 26 giugno 2006 per parlare proprio di questi sistemi generativi.
In tempi più recenti, assieme a Peter Chilvers, Eno ha iniziato a lavorare anche alla creazione di un software di musica generativa per iOS, chiamato “Bloom”, in grado di creare musica e di riprodurre in loop toni diversi ogni volta che viene toccato lo schermo. Segue poi un’evoluzione del software con l’applicazione “Trope”, in grado di generare paesaggi sonori in continua evoluzione, e un ulteriore sviluppo, “Scape”, in cui gli elementi musicali possono essere ricombinati all’infinito in modo estremamente innovativo. Scrivono Eno e Chilvers: “Scape crea musica che pensa da sola”.
Come Brian Eno, numerosi compositori si sono cimentati e continuano a cimentarsi nella composizione di musica con l’ausilio di software informatici. Tra questi, **Iannis Xenakis** (1922-2001), compositore, ingegnere e architetto, diede vita nel 1966 al CEMAM (Centro di Studi di Matematica e Musica Automatica), un istituto dedicato all'esplorazione dell'intersezione tra informatica e musica, e dunque alla “composizione algoritmica”. In questo contesto, Xenakis ideò e sviluppò il sistema UPIC, che consentiva la trasformazione diretta di notazioni grafiche di forme geometriche in elementi sonori.

Già negli anni Cinquanta, Xenakis realizza una composizione orchestrale per 61 musicisti della durata complessiva di circa 8 minuti, intitolata Metastaseis e interamente costruita sulla base di regole e processi matematici, alla ricerca di una diretta relazione tra matematica e musica. Il risultato è una continua alternanza tra ordine e disordine, in grado di trasmettere una sensazione di grande tensione durante l'ascolto ma al contempo di risoluzione con le note conclusive. E queste sensazioni sono strettamente connesse con la base stessa dell'opera, che ha un'origine particolarmente interessante. Metastaseis è stato ispirato, infatti, dai ricordi di Xenakis dei suoni della guerra, in quanto nessun singolo sparo di proiettile poteva essere distinto, ma il suono di "spari" nel suo insieme era ben identificabile. Per cui non aveva importanza in quale particolare sequenza suonassero i colpi, in quanto indipendentemente da questa il suono sarebbe stato sempre lo stesso. Poiché in questo momento l'aspetto che vorrei trattare riguarda gli algoritmi generatori, non mi soffermo su Metastaseis ma è mia premura consigliarne l'ascolto e un approfondimento teorico, trattandosi di una composizione estremamente interessante soprattutto in relazione all'esplorazione di Xenakis delle relazioni e differenze tra la musica e l'architettura.
Nel 1957, Xenakis scrive la sua prima composizione, "Diamorphoses", basata sulle strutture stocastiche, in cui le regole venivano definite in modo esplicito e l'intero processo compositivo, pur basato su eventi casuali, risultava prevedibile. Per la realizzazione di quest'opera, Xenakis si è servito del supporto tecnologico di un computer IBM.
Un altro compositore interessante è **David Cope**, uno dei co-fondatori della Recombinant Inc, un'azienda attiva nel settore della tecnologia musicale e delle innovazioni legate ad essa. La sua principale attività di ricerca si concentra proprio sull'intersezione tra musica e intelligenza artificiale, e sullo sviluppo di programmi e algoritmi avanzati, quali "Emily Howell", che hanno la capacità di analizzare brani musicali di input e di generare nuove composizioni in uno stile simile.

Nel suo ruolo di compositore, Cope ha abbracciato una vasta gamma di stili e tecniche musicali, per poi realizzare le composizioni successive con l'ausilio dei programmi informatici, basandosi sull'input fornito dalle sue opere precedenti, cercando di trovare un punto d'incontro tra la creatività propria del compositore e gli algoritmi del computer.
Un ulteriore aspetto rilevante del suo lavoro è rappresentato da un innovativo seminario estivo, noto come Workshop in Algorithmic Computer Music (WACM), aperto a chiunque desideri parteciparvi. Inoltre, presso l'Università della California, Santa Cruz, offre un corso accademico intitolato "Intelligenza Artificiale e Musica".
Ancora un altro musicista da citare è **Squarepusher (Tom Jenkinson)**, che crea ed esegue la propria musica, anche negli spettacoli dal vivo, utilizzando una varietà di dispositivi.
Questi sono solo alcuni esempi, la musica generativa continua a essere un campo in evoluzione che attrae l'interesse di musicisti così come di matematici, che continuano a cimentarsi nell'esplorazione delle possibilità offerte dagli algoritmi generativi in ambito di composizione musicale.

2

Sinfonia dell'Intelletto: Notevole Logica e Melodiosa Ragione nella Sinergia tra Intelligenza Matematica e Musicale

Nel contesto di questo studio in merito alle connessioni tra la matematica e la musica, nonché in merito alle loro implicazioni didattiche orientate all'interdisciplinarità e all'inclusione, non può non essere contemplata l'esplorazione della teoria delle intelligenze multiple, sviluppata da Howard Gardner negli anni '80, in relazione alla quale è possibile comprendere l'importanza fondamentale di una didattica che valorizzi le diverse e innumerevoli sfumature delle abilità cognitive, che possono manifestarsi in modi differenti in ogni bambino, con diverse propensioni, diversi interessi e diversi sviluppi.

Diventa essenziale, nel processo di insegnamento-apprendimento, attribuire ad ogni intelligenza la medesima importanza, fornendo ad ogni bambino l'occasione di esplorare e scoprire le proprie e personali potenzialità, e di utilizzare le proprie abilità in modo trasversale nella comprensione di concetti inerenti altre discipline.

Ne è un esempio l'insegnamento della matematica attraverso l'applicazione nella teoria musicale, per mezzo del quale gli studenti, e in particolar modo i bambini con una predisposizione per l'intelligenza musicale, possono comprendere in modo più profondo i concetti matematici, grazie a un ambiente di apprendimento intrinsecamente e maggiormente coinvolgente e accessibile.

Scrive Galimberti (2005):

"Quando si parla di una persona non si dovrebbe mai usare l'aggettivo *intelligente*, perché la qualità che l'aggettivo vorrebbe designare non esiste. L'intelligenza, infatti, è una moltitudine di forme".

Nel Novecento lo psicologo francese Alfret Binet sviluppò il cosiddetto "test di intelligenza", che comprendeva delle prove in grado di predire il successo o insuccesso scolastico dei bambini, sulla base delle quali era possibile quantificare l'intelligenza attraverso la misurazione del "QI" (quoziente intellettivo).

Con questa visione unidimensionale, che vedeva nell'intelligenza una capacità generale e indirizzabile in diverse direzioni e nei diversi contenuti, si sviluppa anche una concezione "uniforme" della scuola, sulla base della quale "c'è un curricolo essenziale, una serie di dati che tutti dovrebbero conoscere, e pochissime discipline facoltative" (Gardner, 2005).

La scuola si concentra, in questo modo, sulla valorizzazione della flessibilità e genericità con cui impostare e valutare il processo di insegnamento-apprendimento, strutturando lezioni, domande e test sulla base di questa concezione e privilegiando un'intelligenza di tipo convergente, in relazione alla quale tutte le problematiche vengono ricondotte a una risposta univoca non influenzabile, ad esempio, da immaginazione e creatività.

In una scuola così organizzata non sembra esserci spazio per chi, diversamente, possiede delle intelligenze inclinate specificamente e, in modo divergente, fornisce soluzioni molteplici e originali, riorganizzando gli elementi e ribaltando i termini dei problemi non accontentandosi di un'unica soluzione e ideando, talvolta, qualcosa di nuovo (Gardner, 2005).

I bambini "diversi" spesso non vanno bene a scuola, sono considerati non-intelligenti, rispondono a bassi livelli di QI e tendono per questo ad essere considerati "privi di qualunque risorsa" (Gardner, 2005).

Eppure, si tratta spesso di bambini "superdotati", che possiedono forme di intelligenza talmente diverse che non possono essere misurate e unificate all'interno di un unico test, e in relazione alle quali utilizzano metodi diversi per "sviluppare le abilità importanti nel loro modo di vivere".

(Gardner, 2005)

Scrive Galimberti (2005):
"Ogni forma di intelligenza è percorsa dal *genio*, che non è una prerogativa di Leonardo, ma di tutte le menti che sempre sono inclinate in una certa direzione, a partire dalla quale scaturisce per ognuno la sua particolare ed esclusiva visione del mondo".

1. Howard Gardner e la teoria delle intelligenze multiple

Howard Gardner è uno psicologo cognitivo e docente statunitense, famoso per aver sconvolto il mondo dell'educazione con lo sviluppo, negli anni Ottanta, della teoria delle "intelligenze multiple" (Multiple Intelligences Theory).
Osservando i suoi studenti nella Harvard Graduate School of Education, si rese conto che c'era qualcosa di profondamente sbagliato nell'idea che l'intelligenza umana potesse essere ridotta a una singola capacità generale, e dunque a un semplice punteggio di quoziente intellettivo (QI).
Convinto che ci fosse molto di più, con la sua ricerca riuscì a identificare non una, ma diverse forme di intelligenza, ognuna delle quali rappresenta un modo unico di comprendere il mondo e risolvere problemi.
Riconobbe che alcune persone eccellevano in linguaggio, mentre altre erano geni matematici.
Alcuni erano dotati di una straordinaria capacità di percepire il mondo visivamente, mentre altri erano musicisti nati. Gardner si rese conto che queste non erano eccezioni, ma rappresentavano piuttosto diverse sfaccettature dell'intelligenza umana, che considera "potenzialità biologiche allo stato grezzo" (Gardner, 2005).
Nel corso della propria vita, ogni individuo sviluppa queste potenzialità sotto forma di profili intellettivi estremamente diversificati, all'interno dei quali le varie intelligenze si sviluppano e combinano in modi differenti.
Per questo, risulta di grande importanza "riconoscere e coltivare tutte le intelligenze umane e tutte le loro combinazioni".
(Gardner, 2005)

Con lo sviluppo della Teoria delle Intelligenze Multiple, Gardner identificò almeno sette principali tipi di intelligenza:

1- **Intelligenza Linguistica**, che riguarda la capacità di utilizzare il linguaggio in modo efficace, sia nella comprensione che nell'espressione scritta e orale;
2- **Intelligenza Logico-Matematica**, associata alla capacità di risolvere problemi complessi, ragionare logicamente e comprendere i principi matematici e scientifici;
3- **Intelligenza Spaziale**, che riguarda la capacità di percepire il mondo visivamente e di pensare in termini di spazio, e dunque abilità nell'orientamento e nella visualizzazione e comprensione di mappe e diagrammi;
4- **Intelligenza Musicale**, associata alla sensibilità e alla comprensione della musica e della teoria musicale e alla capacità di suonare strumenti musicali;
5- **Intelligenza Corporeo-Cinestetica**, che riguarda l'abilità fisica e il controllo del corpo;
6- **Intelligenza Interpersonale**, che si riferisce alla capacità di comprendere gli altri, interagire efficacemente con loro, percepirne le emozioni e lavorare bene in gruppo;
7- **Intelligenza Intrapersonale**, che riguarda la consapevolezza di sé, la comprensione delle proprie emozioni, delle proprie esigenze, dei propri scopi e delle proprie motivazioni.

A queste vengono aggiunte, successivamente, l'**Intelligenza Naturalistica**, associata alla sensibilità e alla consapevolezza dell'ambiente naturale, e **l'Intelligenza filosofico-esistenziale**, che coinvolge la riflessione filosofica e la considerazione delle questioni esistenziali fondamentali.

Ogni intelligenza può, secondo Gardner, essere a sua volta suddivisa e l'elenco può essere riorganizzato con l'individuazione di nuove conoscenze.

"Si tratta di un concetto pluralistico di mente, che riconosce l'esistenza di molte facce distinte e diverse della cognizione, e

secondo il quale le persone hanno risorse cognitive differenti e stili cognitivi contrastanti" (Gardner, 2005).
Nonostante le critiche e i dibattiti che ha suscitato nella comunità scientifica, la teoria di Gardner continua ad avere in misura sempre maggiore un impatto significativo sull'educazione, mostrando l'intelligenza come una sfida complessa e multipla, che non può essere facilmente etichettata o quantificata, e suggerendo che le scuole dovrebbero essere centrate sull'individuo, progettate per soddisfare la ricchezza delle diverse forme di intelligenza degli studenti e offrire opportunità di apprendimento diversificate che si adattino alle loro forze individuali e siano orientate alla comprensione e al pieno sviluppo del profilo cognitivo di ogni alunno, riconoscendo che non c'è un unico e giusto modo di essere intelligenti e non c'è un unico e giusto modo di apprendere.
Ogni bambino ha i suoi interessi, le sue inclinazioni, le sue attitudini e capacità personali, che dovrebbero essere valutate in modo ampio e approfondito.
Uno dei più importanti compiti della scuola dovrebbe configurarsi nell'attenzione e nell'individuazione delle risorse individuali e contestualmente anche delle difficoltà, e in relazione ad entrambe impostare le differenti strategie di insegnamento in modo da fornire all'alunno l'opportunità di vivere le esperienze per lui potenzialmente più vantaggiose.
Gardner (2005) definisce l'intelligenza come "la capacità di risolvere problemi o di realizzare prodotti apprezzati in uno o più ambienti culturali", ponendo l'accento sull'influenza culturale e prendendo in considerazione per la sua ricerca non solo quanto già noto in merito allo sviluppo delle varie abilità nei bambini, ma anche i dati relativi al deterioramento di tali abilità in seguito a un danno cerebrale, in quanto alcune di esse si conservano contrariamente ad altre che si perdono.
Inoltre, si concentra in particolar modo sull'osservazione di bambini con bisogni educativi speciali, bambini prodigio, bambini con disturbo dello spettro autistico, ad esempio, che presentano profili

cognitivi “molto irregolari, difficilmente spiegabili abbracciando una concezione unitaria dell’intelligenza” (Gardner, 2005).
È importante ricordare che le diverse intelligenze individuate da Gardner assumono la medesima importanza e nessuna di esse prevale in qualche modo sulle altre.
È possibile sviluppare e migliorare le proprie abilità in ciascuna delle intelligenze attraverso l'addestramento, l'esperienza e l'apprendimento continuo.

2. L’intelligenza intrapersonale e interpersonale

Prima di affrontare nello specifico l’esplorazione dell’intelligenza matematica e dell’intelligenza musicale, ho deciso di dedicare un piccolo paragrafo alle intelligenze personali, alle quali attribuisco grande importanza nella mia formazione personale e professionale. Ritengo, infatti, che non ci sia qualità più importante per un’insegnante di riuscire a leggere lo sguardo dei propri studenti, di riuscire a comprenderne emozioni e interessi e di riuscire ad impostare ogni aspetto della didattica sulla base di questi.
Per poter scoprire le propensioni e le potenzialità dei bambini, al contempo, è importante che l’insegnate in prima persona riesca a comprendere le proprie, ad acquisire consapevolezza delle proprie emozioni, dei propri interessi e delle proprie inclinazioni.
È vero che, come sostenuto da Gardner (2021), ogni intelligenza è autonoma e ognuno di noi ha le proprie propensioni, ma è anche vero che secondo Gardner (2021) tutte le intelligenze coesistono nell’individuo e ognuna di esse si sviluppa in ognuno di noi in modo diverso e può essere accompagnata, guidata, allenata, coltivata.

2.1. L’intelligenza interpersonale

L'intelligenza interpersonale è, come accennato, la capacità di comprendere gli altri, comprendere come funzionano, le loro emozioni, motivazioni e intenzioni, risolvere conflitti, relazionarsi e collaborare efficacemente con le persone, mostrando particolare

abilità nella comunicazione, nell'ascolto attivo e nell'empatia (Gardner, 2005).
In un contesto educativo, l'intelligenza interpersonale è, ritengo, fondamentale per gli insegnanti, in quanto svolge un ruolo cruciale nella creazione dell'ambiente di apprendimento, influenzando in modo significativo il coinvolgimento degli studenti attraverso relazioni positive e di fiducia.
Gli insegnanti, inoltre, collaborano costantemente con colleghi e genitori, e la capacità di ascoltare attentamente, comunicare e lavorare bene con gli altri è fondamentale per il successo dell'intera comunità scolastica.

2.2. L'intelligenza intrapersonale

L'intelligenza intrapersonale "è un'attitudine simile, rivolta verso l'interno" (Gardner, 2005).
Si riferisce alla capacità di comprendere sé stessi, le proprie emozioni e le motivazioni che guidano il proprio comportamento, creando "un modello accurato e veridico di sé" da usare "per agire efficacemente nella vita" (Gardner, 2005), con la consapevolezza dei propri punti di forza e delle proprie debolezze.
Le persone con un'alta intelligenza intrapersonale sono solitamente in grado di auto-motivarsi, di fissare obiettivi personali e di lavorare verso sé stesse in modo efficace, gestendo le sfide personali in modo costruttivo ed evitando di reagire impulsivamente alle situazioni.
Ritengo, dunque, che anche l'intelligenza intrapersonale assuma un ruolo di fondamentale importanza per gli insegnanti, contribuendo alla loro autoconsapevolezza in relazione alle loro motivazioni personali intrinseche e influenzando positivamente il loro impegno nell'insegnamento, mantenendo alta la loro passione e dedizione per il lavoro e valutando in primo luogo le loro pratiche di insegnamento, esaminando criticamente le proprie prestazioni, identificando aree di miglioramento e sviluppando strategie per il proprio sviluppo professionale e per la pianificazione delle attività didattiche, contribuendo, inoltre, a mantenere un ambiente di apprendimento positivo.

3. L’intelligenza matematica

“C’è un’intelligenza logico-matematica che sulla terra non vede cose, ma analogie e rapporti [...] e i numeri che li esprimono diventano la *spiegazione* del mondo, nel senso in cui diciamo che qualcosa si *dispiega*, si apre alla leggibilità” (Gardner, 2005).

L'intelligenza logico-matematica, come accennato, riguarda la capacità di ragionamento logico e la risoluzione di problemi.

Le persone che hanno un'alta intelligenza logico-matematica sono, ad esempio, in grado di:

- analizzare problemi complessi e decomporli in parti più semplici;
- riconoscere schemi e relazioni tra elementi diversi;
- elaborare informazioni numeriche e statistiche;
- applicare principi logici e ragionamento deduttivo per risolvere problemi;
- fare ipotesi e verificarle attraverso la sperimentazione.

L’intelligenza logico-matematica ha le proprie origini nel contatto con il mondo degli oggetti: il bambino apprende le basi del pensiero logico-matematico attraverso l’osservazione empirica, confrontando, ordinando, riordinando oggetti e stimandone la quantità. Gradualmente, dal mondo degli oggetti si passa a proposizioni, azioni e rapporti tra azioni, sino ad arrivare a sistemi formali sempre più astratti e dunque alla logica che si trova alla base delle interconnessioni tra questi sistemi.

Gardner (2021) prende come riferimento, da questo punto di vista, le ricerche di Piaget (1993; 2011), pur prendendone leggere distanze in relazione ai tempi, in quanto le fasi di sviluppo del pensiero logico-matematico sembrano essere, in realtà, molto più graduali ed eterogenee rispetto a quanto affermato dallo psicologo svizzero.

Le tappe fondamentali riguardano, innanzitutto, le azioni del bambino sul mondo fisico e la manipolazione di oggetti materiali, alle quali segue la scoperta del numero e, successivamente,

l'interiorizzazione di azioni e del significato delle relazioni tra le azioni stesse. Si arriva, gradualmente, all'esplorazione di enunciati ipotetici, delle loro relazioni e delle loro implicazioni.
Il bambino, che inizialmente crede che gli oggetti esistano solo in relazione alla sua esperienza con gli stessi e spariscano quando non può vederli, acquisisce gradualmente un senso di persistenza oggettiva comprendendo che gli oggetti esistono indipendentemente dalle sue azioni su di essi, inizia a pensarli e a parlarne anche in loro assenza e inizia a riconoscere somiglianze tra alcuni oggetti, riuscendo ad eseguire dei raggruppamenti, iniziando ad acquisire consapevolezza del fatto che questi posseggono proprietà specifiche e comuni e, dunque, riconoscendo "classi" e "insiemi". Segue, gradualmente, il senso di conservazione del numero: il bambino padroneggia quantità molto piccole ma, inizialmente, si limita ad approssimazioni di quantità più grandi, in quanto influenzato da "indizi percettivi svianti, come la densità e l'estensione spaziale" (Gardner, 2021). Possiede, in questo caso, una prestazione mnemonica e linguistica legata al conteggio, inteso come recitazione meccanica di una serie di numeri. Gradualmente, impara ad associare quest'ultima alla corrispondente rappresentazione in gruppi di oggetti, comprendendo che il numero finale della serie corrisponde anche alla totalità. Arriva così all'abilità di conteggio e comparazione di quantità, e dunque alla capacità di creare insiemi e immagini mentali che si trova alla base dell'azione di comparazione. Diventano adesso possibili, grazie all'interiorizzazione di questi processi che possono ora essere eseguiti mentalmente, operazioni più complesse: dalle operazioni numeriche elementari (somma, sottrazione, moltiplicazione e divisione) alle quali fare ricorso nei compiti della vita quotidiana, alla manipolazione di simboli, ovvero a operazioni mentali formali che si trasferiscono non solo sugli oggetti ma anche su parole (ragionamento sillogistico, ipotesi scientifiche, etc.), simboli o sequenze di simboli che sostituiscono e rappresentano oggetti, relazioni, funzioni o altre operazioni (Gardner, 2021).
Il matematico lavora "in un mondo di oggetti e concetti inventati, che possono non avere alcun parallelo diretto nella realtà quotidiana"

(Gardner, 2021). L'interesse principale di chi lavora con la logica non risiede tanto nella relazione tra gli enunciati e i fatti empirici, quanto piuttosto negli enunciati stessi e nei loro rapporti, indipendentemente dal significato e dal contenuto che può non avere senso nel linguaggio comune. In questo caso, per poter trarre le giuste inferenze è necessario considerare le proposizioni quali elementi o oggetti da manipolare. Diversamente, è lo scienziato ad utilizzare matematica e logica come strumenti per "astrarre ordine dal caos" (Gardner, 2021) e arrivare alla spiegazione della realtà fisica, fornendo alla stessa uno schema ordinato di rapporti astratti e proposizioni, che vengono sottoposti a una conferma sistematica proprio partendo dalla sperimentazione semplice con oggetti e dal rilevamento dei loro modelli di interazione e comportamento, analogamente a quanto avviene per lo sviluppo del pensiero logico-matematico nei bambini. Come detto, però, le motivazioni che muovono il matematico sono diverse da quelle che muovono lo scienziato.

Il pensiero logico-matematico può diventare talmente complesso da rappresentare una vera sfida e non è di facile comprensione per tutti, nonostante sia fondato su principi e regole logiche che presumibilmente sono accettate da tutte le menti. Poincaré (1952) parla del matematico sostenendo che la sua memoria sia guidata dal ragionamento, che gli impedisce di perdere o modificare informazioni nel corso dello stesso, a differenza di quanto accade ai non-matematici. Questo è possibile, come accennato, dando primaria importanza all'ordine degli elementi, e non agli elementi stessi, che permette di percepire a colpo d'occhio l'intero ragionamento, assegnando a ogni elemento il posto che possiede nella disposizione generale.

Il matematico, secondo Poincaré (1952), possiede dunque due abilità fondamentali: "la memoria per i singoli passi in una catena di ragionamento" e "il riconoscimento della natura delle connessioni fra le varie proposizioni" (Gardner, 2021).

Scrive Gardner (2021) che, probabilmente, la caratteristica centrale e difficilmente sostituibile del dono matematico consiste nella capacità di creare e manipolare abilmente lunghe catene di ragionamento.

Partendo da una probabile intuizione, i matematici si cimentano nello sviluppo di particolari, definizioni e ragionamenti estremamente precisi, che coinvolgono astrazioni complesse, arrivando alla soluzione di problemi apparentemente irrisolvibili, all'invenzione di un nuovo campo matematico, alla scoperta di un elemento fondamentale o di connessioni fra campi apparentemente distanti della matematica. Queste scoperte e invenzioni si configurano come la più grande gratificazione e soddisfazione dei matematici, che si isolano alla ricerca di analogie e di analogie tra analogie, di elementi insoliti e immaginari o irrazionali, di paradossi e mondi possibili e impossibili dalle proprietà peculiari. "La soluzione di un problema difficile e importante fornisce un'emozione di un tipo molto speciale" (Gardner, 2021), e rappresenta l'unico problema che per i matematici sia degno delle loro energie.

Tra le abilità logico-matematiche che caratterizzano il talento dei matematici, e che sono estremamente varie e astratte, figura anche la capacità di calcolo rapido, quale abilità che opera in forma relativamente autonoma (Gardner, 2021).

Questa viene riscontrata, ad esempio, negli *idiots savants*, che posseggono spesso abilità molto scarse o forme di ritardo mentale nella maggior parte delle aree, ma al contempo manifestano, talvolta, una capacità di calcolo eccezionale, espressa in operazioni mentali estremamente complesse con numeri molto grandi, oppure nella memorizzazione di lunghe sequenze di numeri o, ad esempio, nel calcolo calendariale. Gardner (2021) riporta l'esempio di Obadiah, un bambino di sei anni ricoverato in un orfanotrofio, che imparò autonomamente a risolvere le operazioni matematiche elementari. Un altro esempio interessante riguarda Kurt Goldstein, un bambino che sin da piccolo si interessava al conteggio degli oggetti e, al contempo, a tutti gli aspetti non solo dei numeri ma anche dei suoni musicali. All'età di undici anni era capace di ricordare serie di numeri eccezionalmente complesse e "virtualmente illimitate" (Gardner, 2021).

Al contempo, ci sono persone che manifestano una debolezza selettiva in campo numerico, ad esempio, come nel caso di una

complessa sindrome dello sviluppo nota come "sindrome di Gerstmann".
Questa prevede un disturbo isolato nell'apprendimento dell'aritmetica, nel riconoscimento delle dita delle mani e nell'identificazione e distinzione tra destra e sinistra.
L'organizzazione del pensiero logico-matematico sembrerebbe configurarsi in una rappresentazione molto più generale rispetto a quella di altre intelligenze, che coinvolge l'emisfero destro per alcuni aspetti importanti dell'abilità numerica quali la comprensione di rapporti e concetti numerici, ma anche l'emisfero sinistro per la capacità di leggere e produrre i segni matematici, nonché il lobo frontale per quanto riguarda la risoluzione di problemi complessi che comprendono varie fasi.
Deficit in una di queste aree sembrerebbero interferire con soli alcuni aspetti isolati dell'abilità logico-matematica, mentre una compromissione generale può verificarsi in seguito a malattie degenerative più generali come le demenze, che comportano una decomposizione più o meno rapida di parti estese del sistema nervoso.
Per questo, Gardner (2021) definisce l'intelligenza logico-matematica come "una sorta di intelligenza più generale", non "pura" e "autonoma" come le altre, ma definita dalla concatenazione di diversi sistemi "essenziali ma in qualche misura ridondandoti" (Gardner, 2021).

4. L'intelligenza musicale

"C'è poi un'intelligenza musicale, che materializza la geometria nel suono […] la musica non si *dice*, si *ascolta*, e l'orecchio diventa quel padiglione aperto al mondo per cogliere quella *armonia invisibile* che, al dire di Eraclito, *val più della visibile* […] da cui si desume un senso nascosto del mondo che non si può *dire*, ma solo *u-dire*" (Gardner, 2005).
L'intelligenza musicale riguarda, come accennato, la capacità di comprendere, creare e apprezzare la musica in tutte le sue forme.

Le persone che hanno un'alta intelligenza musicale sono, ad esempio, in grado di:

- distinguere i diversi elementi della musica, come il ritmo, la melodia e l'armonia;
- riconoscere e apprezzare diversi stili musicali;
- comprendere la struttura e la forma della musica;
- creare la propria musica e improvvisare;
- esprimere le proprie emozioni attraverso la musica;
- memorizzare e riprodurre le note musicali.

Le origini delle abilità musicali sono "avvolte nel mistero" (Gardner, 2021), ma esistono già dall'età della pietra attestazioni di strumenti musicali e del ruolo della musica nell'organizzazione di gruppi di lavoro, spedizioni di caccia e riti religiosi.
In analogia con il canto degli uccelli, che passa da un sottocanto a un canto plastico al canto o ai canti propri della specie, anche i bambini iniziano balbettando, per poi produrre frammenti di canti del proprio ambiente.
Gardner (2021) osserva che il talento musicale emerge molto precocemente, prima di qualunque altro dono si possa possedere. Partendo, molto probabilmente, da un talento naturale, "si può presentare precocità musicale per aver preso parte a un programma di istruzione superbamente progettato, oppure come conseguenza del fatto di vivere in una famiglia in cui si respira musica, oppure ancora nonostante (o nel quadro di) una malattia gravemente invalidante" (Gardner, 2021).
Le componenti principali dell'intelligenza musicale sono il *tono*, ovvero la melodia, e il *ritmo*, ovvero suoni emessi a certe frequenze e raggruppati secondo un sistema prescritto. A questi segue il *timbro*, ovvero la qualità che caratterizza un suono. Per il riconoscimento di questi elementi è sicuramente fondamentale il senso dell'udito, ma un'organizzazione ritmica può esistere, in realtà, anche indipendentemente dalla percezione uditiva del suono. Gli aspetti ritmici della musica rappresentano, infatti, per le persone sorde il

punto di accesso alle esperienze musicali, in quanto accessibili anche dal punto di vista visivo.
Una valorizzazione di questo aspetto "visivo" si può trovare nel "Clavier à lumières" ideato dal pianista russo Skrjabin (1910), uno strumento a tastiera elettrofono che proietta un fascio di luce colorata per ogni cambio di nota o di armonia, scelto in relazione agli stati d'animo che queste dovrebbero evocare e indicati nella partitura sulla base del sistema sinestetico (in riferimento alla contaminazione dei sensi nella percezione e, dunque, alle stimolazioni sensoriali o cognitive che inducono a esperienze automatiche e involontarie. La partitura presenta due righi di pentagramma in chiave di sol che seguono, rispettivamente, la scala cromatica e il circolo delle quinte. Senza entrare nel dettaglio degli stati d'animo associati a questi colori, è importante sottolineare che l'aspetto emotivo rappresenta uno degli elementi centrali della musica.
Al contempo, però, è estremamente significativa anche la struttura stessa della musica, caratterizzata da schemi che gli individui utilizzano per ascoltarla e per prevedere o completare un segmento musicale. Per comprendere opere musicali è necessario possedere la capacità di compiere un'analisi particolare ma, al contempo, anche un'analisi complessiva, integrando i due livelli nell'analisi finale.
Il compositore, come definito da Roger Sessions (1970), sente costantemente note, ritmi e vasti schemi musicali, che controlla e rielabora sino ad arrivare a una forma significante che può avere carattere melodico, ritmico o armonico ed essere più meno elaborata. Questa forma costituisce l'idea iniziale dalla quale derivano le diverse possibili implicazioni, le quali si configurano come "parte dello stesso disegno complessivo" (Gardner, 2021), mantenendo un rapporto con l'originale di cui rappresentano variazioni complementari o contrastanti.
Scrive Sessions (1970): "Quel che ho chiamato pensiero musicale logico è l'elaborazione consequenziale di un impulso musicale sostenuto, che persegue un risultato costantemente implicito in esso". L'unico aspetto di mistero, nel lavoro del compositore, pare essere rappresentato dalla fonte dell'idea musicale iniziale, come osservato

da Copland. Il processo successivo di composizione avviene con naturalezza attraverso la sua rielaborazione, sulla base di schemi strutturali e tecniche simili a quelle di cui si è parlato anche nel primo capitolo. “In un pezzo musicale non c’è altro che ciò che proviene dal tema, che scaturisce da esso e che può essere ricondotto a esso” (Schoenberg, 1975).
La competenza musicale inizia a manifestarsi, come accennato, molto precocemente. Essa inizia, infatti, a svilupparsi nel bambino che, prima ancora di parlare, balbetta e canta ed è in grado di “emettere singoli suoni, produrre emissioni vocali ondulanti, e persino imitare modelli prosodici e toni cantati da altri con una precisione più che casuale” (Gardner, 2021). Intorno ai due anni i bambini iniziano a inventare canti spontanei e a produrre piccole sezioni di canzoni conosciute, con differenze individuali considerevoli in relazione all’età ma anche alle abilità. In età scolare dovrebbero aver acquisito uno schema caratteristico della struttura di una canzone e riuscire a riprodurre i suoni che sentono in modo abbastanza preciso.
Negli anni successivi, nella nostra cultura, non avviene uno sviluppo considerevole dell’abilità musicale, che caratterizza invece i bambini dotati di un talento musicale insolito o che riescono ad avere particolari occasioni di coltivare questa abilità. Diversamente dalla nostra cultura, esistono diverse situazioni in cui la musica assume un’importanza molto più grande e i bambini riescono, ad esempio, già all’età di cinque anni a cantare un numero considerevole di canzoni, a suonare strumenti a percussione e a eseguire diversi movimenti di danza, come nel caso degli anang della Nigeria (Merriam, 1964; May, 1980).
Già in tenerissima età, come dimostrato dal maestro giapponese Suzuki, molti bambini possono imparare a suonare strumenti musicali, così come possono raggiungere altre capacità eccezionali in altri contesti culturali, a dimostrazione del fatto che, se da un lato l’abilità musicale è sicuramente il riflesso di una capacità innata, dall’altro questa è comunque e sicuramente suscettibile di stimolazione culturale e addestramento (Gardner, 2021).

Generalmente, il bambino assume un approccio inizialmente intuitivo che lo porta a concentrarsi sui caratteri globali di un frammento melodico, basandosi solo su ciò che sente. Successivamente, inizia a concettualizzare la sua esperienza musicale attraverso un approccio formale, basandosi su una conoscenza sistematica della tradizione, delle leggi e dei principi della musica.
In relazione, poi, a motivazione, personalità e carattere, i bambini che coltivano il proprio talento musicale possono cimentarsi in due manifestazioni fondamentali delle proprie abilità: l'esecuzione e la composizione. Quest'ultima, in particolar modo, è motivata non tanto dal desiderio di eseguire ed interpretare un componimento nel miglior modo possibile, quanto piuttosto dalla necessità di creare, sezionare, decomporre e riscrivere, modificare e trasformare in qualcosa di diverso il componimento stesso. In altre culture non è, invece, presente una grande distinzione tra le due abilità, che vengono assimilate in quanto l'esecutore è al tempo stesso anche compositore e introduce mutamenti nelle opere che esegue.
A livello neurologico, le abilità musicali risultano lateralizzate nell'emisfero destro. Tuttavia, con l'aumentare della formazione musicale sembra aumentare, nell'esecuzione di compiti musicali, anche un coinvolgimento dell'emisfero sinistro. Non è chiaro per quale motivo ci sia questa connessione ed è possibile che si tratti di "una dominanza solo apparente dell'emisfero sinistro per l'analisi musicale" (Gardner, 2021), dovuta forse alla semplice applicazione di etichette verbali a frammenti musicali.
Esiste, però, una varietà sorprendente di rappresentazioni neurali delle abilità musicali negli esseri umani, dovuta soprattutto a due fattori che Gardner (2021) individua nella vastità di tipi e gradi dell'abilità musicale (in relazione alle differenti capacità individuali) e nei mezzi e nelle modalità con cui gli individui entrano in contatto con la musica (che possono essere vari e strettamente connessi alla specificità dell'individuo). Questi ultimi, in particolare, possono configurarsi nel canto, nel suono degli strumenti con mani o fiato, nella lettura della notazione musicale, nell'ascolto di dischi o nell'osservazione di danze, ad esempio. In quest'ottica, i diversi modi

di rappresentazione neurale delle abilità musicali (e dunque i diversi modi di elaborazione corticale delle stesse) riflettono i diversi modi di fare e fruire la musica.
Allo stesso tempo, esistono diversi tipi di perdita dell'abilità musicale, che si configurano come isolati rispetto alle altre abilità e, dunque, autonome rispetto ad esse. Inoltre, il talento musicale può presentarsi in età precoce o conservarsi selettivamente in individui che non mostrano eccezionali abilità in altri campi, confermando ulteriormente l'idea dell'intelligenza musicale come autonoma rispetto alle altre.

5. Tra intelligenza matematica e intelligenza musicale

"Quando si insegna a una persona l'abilità A, l'insegnamento si trasferisce anche all'abilità B? L'insegnamento, poniamo, della matematica incrementa le abilità musicali, e viceversa?" (Gardner, 2005).
Da un lato, è importante ricordare che Gardner, nella sua teoria delle intelligenze multiple, si concentra sulla loro autonomia e indipendenza dalle altre.
In merito alla musica, ad esempio, sostiene che, nonostante l'attenzione alla sua razionalità, non si può escludere l'aspetto delle implicazioni emotive dell'esperienza musicale. Al contempo, però, ci tengo ad osservare quanto ho già scritto in merito all'enorme implicazione emotiva dell'esperienza logico-matematica che, almeno per chi possiede una considerevole abilità in quest'ambito, risiede in modo intrinseco nella risoluzione stessa di un problema complesso.
C'è poi un aspetto, che considero rilevante, in merito alle relazioni tra abilità musicali e spaziali che, a mio parere, riesce connettersi anche con aspetti matematici, in relazione anche a quanto è stato già trattato nel primo capitolo a proposito della rappresentazione del suono. Arthur Lintgen, un medico di Filadelfia è in grado, ad esempio, di riconoscere semplici pezzi musicali studiando i solchi con cui questi vengono tracciati su un disco, caratterizzati da intervalli e contorni differenti in relazione alla dinamica e alla

frequenza del suono. Ad esempio, brani a basso volume sono rappresentati da solchi più scuri, mentre brani ad alto volume o più complessi sono rappresentati da solchi più chiari. (Gardner, 2021).
Inoltre, lo stesso Gardner (2021) osserva che “nella musica ci sono elementi – se non di *alta matematica* –, almeno chiaramente numerici, i quali non dovrebbero essere minimizzati”.
Per poter apprezzare il funzionamento degli schemi ritmici, è fondamentale possedere almeno delle competenze numeriche elementari, nonché una significativa sensibilità alla regolarità e ai rapporti, che permettano di individuare e riconoscere elementi quali proporzioni, schemi ricorrenti, relazioni e sequenze rilevabili all’interno di una composizione musicale. In questo modo, è necessario ricorrere a un pensiero matematico non semplicemente elementare ma più complesso, sulla base del quale poter apprezzare le strutture musicali di base, le loro possibili ripetizioni e trasformazioni, le loro connessioni attraverso cui si inseriscono l’una nell’altra o si contrappongono l’una all’altra (Gardner, 2021).
Scrive Stravinskij (1971) sulla forma musicale che essa è “molto più vicina alla matematica che alla letteratura [...] senza dubbio a qualcosa come il pensiero matematico e i rapporti matematici”.
Inoltre, molti compositori hanno prestato una grande sensibilità agli schemi e alla regolarità della matematica. L’abbiamo visto nel primo capitolo attraverso gli spartiti di Bach ma anche, ad esempio, attraverso il gioco dei dadi di Mozart, che permette di comporre musica sulla base dei numeri ottenuti attraverso i diversi lanci del dado.
Come scrive Gardner (2021), da un lato il matematico si può interessare alla struttura della musica, che considera in relazione alla sua forma, indipendentemente dalle sue implicazioni o realizzazioni possibili. Dall’altro, il musicista si può interessare agli elementi strutturali che, però, devono manifestarsi in forma di “suoni”, considerando non la loro forma ma i loro effetti espressivi.
Essendo, inoltre, ogni intelligenza autonoma rispetto alle altre, anche ogni logica (da quella del linguaggio, a quella matematica a quella

musicale) opera sulla base delle sue proprie regole e nessuna può influire in modo radicale sulle altre.
Al contempo, però, la musica in particolar modo si presta "ad essere esplorata per gioco con altri modi di intelligenza e a essere simbolizzata, particolarmente da parte di individui altamente creativi" (Gardner, 2021).
Hofstadter (1984) riconosce enormi punti di contatto tra discipline quali Musica, Arti Visive e Matematica, le cui idee si intersecano in modi sorprendenti.
Uno degli elementi che ricorre maggiormente nei diversi tipi di intelligenza è la rappresentazione simbolica. Ogni intelligenza ha il suo proprio sistema di simboli, in grado di trasmettere significati e informazioni. "è in effetti un simbolo un qualsiasi elemento – una linea non meno di una pietra – purché venga usato (e interpretato) come rappresentante una qualche sorta di informazione" (Gardner, 2021). In ambito musicale, ad esempio, molte attività implicano lo sviluppo di rapporti di tonalità basilari che valgono all'interno di una scala. Inoltre, aspetti centrali come melodia e ritmo sono soggetti al controllo di sistemi simbolici quali l'espressione (es. "allegro") e il riferimento, ad esempio, a parti precedenti della composizione. Allo stesso tempo, in matematica sono essenziali le capacità di comprensione di operazioni elementari e di coordinazione di queste operazioni sulla base della conoscenza di insiemi numerici elementari. In questo modo, una competenza intellettuale può essere veicolata da un sistema simbolico specifico che ne consente la rappresentazione.
Inoltre, al contempo, ogni abilità può essere utilizzata dall'individuo per vari fini, per cui valorizzando ogni intelligenza è possibile indirizzare le competenze di ognuna in diverse direzioni. Per questo motivo, in ambito educativo e formativo, deve diventare centrale l'individualizzazione e personalizzazione dell'istruzione, che per essere efficace deve fondersi con "un impegno per il conseguimento di obiettivi educativi degni (e raggiungibili) per tutti gli alunni (Gardner, 2005).

3

Armonia Del Sapere: Esplorando il Connubio tra Matematica e Musica nella Didattica

Nelle pagine precedenti ho discusso delle relazioni profonde che intercorrono da sempre tra la matematica e la musica, e mi sono soffermata sull'esplorazione delle connessioni tra l'intelligenza musicale e quella matematica. Non mi è facile, tuttavia, riuscire ad individuare ricerche di precedente esplorazione che si propongono di indagare le possibilità delle implicazioni didattiche di questo connubio nella scuola primaria, in quanto la maggior parte dei metodi sviluppati in relazione all'argomento riguarda soprattutto la scuola secondaria, sebbene siano, al contempo, reperibili online articoli che esplorano alcuni aspetti in riferimento alla scuola primaria. Purtroppo, mi è capitato spesso di osservare che l'insegnamento delle discipline artistiche e musicali sia considerato, nella scuola primaria, di secondaria importanza e per questo viene affrontato, talvolta, con superficialità.

Eppure, come abbiamo visto, le relazioni tra queste e le altre discipline quali la matematica sono profonde ed essenziali, e sono state esplorate sin dai tempi più antichi.

Non è frequente, ad esempio, l'insegnamento del linguaggio musicale: nella mia esperienza personale ho notato che, solitamente, nella scuola primaria la musica viene proposta in forma di canzoni e filastrocche, spesso come mediazione di contenuti didattici relativi

ad altre discipline (es. la canzone delle tabelline, dei colori in inglese, ecc.). Non si pensa spesso, invece, ad insegnare il linguaggio musicale, che è propriamente una lingua e come tale può essere appresa e interiorizzata. Possiamo parlare, infatti, di una vera e propria alfabetizzazione musicale, che dovrebbe essere impartita dai primi anni della scuola primaria, in quanto basilare per la formazione delle conoscenze utili a maturare un buon apprezzamento musicale. È vero che l'ascolto è utile ma ci sono anche tante altre risorse che andrebbero sfruttate e che spesso, purtroppo, vengono sottovalutate e trascurate. La musica è una Lingua e non si può parlare di alfabetizzazione musicale se non la sappiamo leggere e non ne conosciamo la struttura.
Si tratta, sicuramente, di un apprendimento non troppo complesso, e affrontarlo sin dalla scuola primaria rappresenta un'ottima risorsa per i bambini nel maturare le basi per ascoltare, leggere, scrivere e fare musica, attraverso un insegnamento sicuramente ricco di stimoli e di soddisfazioni: essere in grado di stabilire una relazione tra spartito e pianoforte, ad esempio, è già una motivazione enorme; vedere che cosa si produce dalla lettura di quei simboli e che ad ognuno di essi corrisponde un suono o una pausa è una sorpresa e una scoperta.
La musica non rimane, dunque, qualcosa di straordinario e complicato, qualcosa da ascoltare "che fanno gli altri". Diventa, piuttosto, qualcosa di accessibile che, grazie a una discreta conoscenza, è anche possibile comprendere profondamente e, di conseguenza, creare.

1. MusicArte (Pasini, 2021)

Il metodo che al momento ho trovato maggiormente completo si chiama MusicArte (Pasini, 2021) ed è stato sviluppato da Daniele Pasini, flautista, improvvisatore e insegnante di scuola primaria, che propone un percorso studiato approfonditamente nel corso della sua esperienza, continuamente messo alla prova nelle classi della scuola primaria e in evoluzione, attraverso il quale ci mostra come la musica non sia solo una materia isolata, ma una disciplina che comunica con tutte le altre.

Al centro del metodo di Pasini assume, infatti, grande importanza l'indagine della dimensione interdisciplinare della didattica, attraverso una sinergica interazione tra la musica, la matematica e naturalmente l'arte, le quali rappresentano solo alcune delle relazioni che possono essere esplorate nel campo dell'interdisciplinarità. Lo stesso Pasini spiega, infatti, l'utilità del pentagramma (in analogia con la linea del tempo) e del metronomo (quale prezioso "righello del tempo" che impone una regolare scansione temporale da seguire), per lo sviluppo della percezione temporale e la comprensione dello scorrere del tempo. A differenza dello studio sull'orologio, l'insegnamento con il metronomo permette, infatti, di spiegare che questo prezioso strumento di misura scandisce il tempo in parti uguali e che, impostandolo a 60bpm, ovvero a 60 battiti regolari al minuto, questi corrispondono ai 60 secondi in cui è suddiviso il minuto stesso. Pasini propone un'attività sulla base della quale i bambini possono sperimentare questa costruzione, in quanto sono invitati a contare mentre battono le mani su ogni secondo, compresi il primo e il sessantesimo, i quali corrispondono dal punto di vista geometrico ai due punti che delimitano un segmento. Ripetendo l'esercizio, questo sarà simile al precedente, in quanto un minuto è sempre costituito da 60 secondi e dunque è esprimibile attraverso i 60 battiti corrispondenti, ma non equivalente in quanto ad esso successivo.
"Un musicista, quando suona a tempo, sta facendo geometria. Chi batte il piede a tempo sta misurando la durata delle note suonate in tempo reale. Se non è possibile battere il tempo con il piede, il musicista è comunque allenato a tenerlo a mente, quindi vuol dire che ha la geometria temporale in testa" (Pasini, 2021). Questo permette ai musicisti, grazie alla regolarità del tempo di ogni composizione, di suonare in modo sincronizzato. Per allenare la capacità di operare una corretta stima delle misure "a occhio", Pasini (2021) propone delle attività di educazione artistica attraverso le quali i bambini sono invitati a realizzare delle varianti sulle vignette, che vengono ad esempio capovolte o ruotate di 90° in senso antiorario o orario, rimpicciolite o ingrandite, o ancora deformate. Questi esercizi sono, inoltre, utili sia per quanto riguarda l'eye training sia per quanto

riguarda l'ear training, in quanto entrambi orientati al riconoscimento a occhio o a orecchio di misure, note, intervalli, accordi e scale. Per "geometria a occhio" si intende "la tensione, da parte del disegnatore o del compositore che lavorano a mano libera, verso la perfezione geometrica" (Pasini, 2021) e dunque, senza il supporto di strumenti di misura, verso il raggiungimento di tre obiettivi: saper effettuare una corretta stima delle misure, una corretta disposizione geometrica delle note all'interno delle battute, ingrandimenti e riduzioni in scala e fedeli alle proporzioni geometriche.
MusicArte è articolato attorno a tre argomenti principali e basilari, attorno ai quali sono strutturate le diverse attività:

- la lettura delle note con l'aiuto dello strumento compensativo;
- il primo orientamento sulla tastiera;
- il metronomo.

Si aggiunge, inoltre, un sotto obiettivo rappresentato dal rapporto di proporzioni esistente tra lo spartito e la tastiera.
Lavorando sullo sviluppo dell'autonomia all'interno di questi aspetti, ogni altro aspetto della musica può essere considerato come una conseguenza degli stessi, primo tra tutti l'ascolto, che normalmente viene affrontato per primo, assieme al canto, nell'educazione musicale.
Proprio sotto questo aspetto si presenta una delle importanti scelte di Pasini: se, da un lato, il canto è motivo di imbarazzo e di rifiuto per alcuni bambini, dall'altro la tastiera si presta come strumento per alfabetizzare alla musica e al linguaggio musicale. Raggiunta l'autonomia di cui si è parlato, il bambino può scegliere quali aspetti della musica coltivare in relazione ai suoi interessi, alle sue propensioni e alla sua persona. Questo approccio non è diverso da quello che, normalmente, si auspica di applicare in discipline più tradizionali attraverso lo sviluppo dell'indipendenza nell'utilizzo di strumenti quali possono essere le classiche mappe concettuali (Novak, 2012, Pontalti&Zambotti, 2014), che permettono di avere una base per poter affrontare i diversi apprendimenti.

Oltre alla regolare scansione temporale del metronomo, ascoltando o leggendo la musica siamo invitati ad operare un secondo tipo di conteggio, rappresentato dalle note che vengono percepite all'ascolto, suonate ad esempio sulla tastiera, discriminate sullo spartito. In quest'ultimo, le note possono essere rappresentate in successione o raggruppate verticalmente in modo da indicare un rapporto di simultaneità. Parliamo, ad esempio, di accordi e bicordi, ovvero di più note che devono essere suonate contemporaneamente e, dunque, di più eventi diversi che accadono nello stesso momento. "La lettura delle note musicali è un fatto legato esclusivamente al ragionamento", un ragionamento che deve partire dalla consapevolezza che spartito e tastiera sono "disegni con regole matematiche e geometriche" (Pasini, 2021).
È importante sottolineare che il linguaggio della musica non fornisce unicamente informazioni in merito all'aspetto sonoro, ma rappresenta al contempo la suddivisione delle note, posizionate sullo spartito sulla base di criteri logici e matematici. Lo stesso incolonnamento verticale delle note in rapporto di simultaneità richiama l'abaco e l'incolonnamento dei numeri, decine e unità, di un'addizione in matematica. Una successione numerica, inoltre, è analoga a quella della notazione musicale e ha il medesimo significato di sequenzialità.

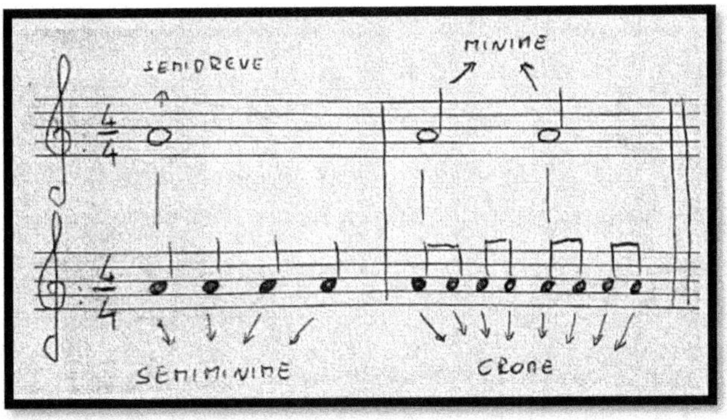

Pasini, D. (2021). MusicArte: Musica Arte Immagine nella scuola primaria. Edizioni We.

Questo stesso significato lo ritroviamo anche nella costruzione stessa del pentagramma a mano libera, esercizio fondamentale nel metodo MusicArte di Pasini: nel processo di costruzione di ogni singola linea dritta, ad esempio, è possibile lavorare anche sul rafforzamento del pregrafismo, insegnando al bambino che una linea "non si disegna, bensì si costruisce, piano piano", in quanto ciò che vediamo è in realtà un insieme di punti che si susseguono.
E pur non entrando nel dettaglio delle spiegazioni, i bambini hanno la possibilità di vivere il significato intrinseco di questo insegnamento, esercitando al contempo anche la pazienza e l'attenzione. Inoltre, la lunghezza di ogni segmento che il bambino traccia per costruire la linea è arbitraria e viene scelta da lui in modo da fornirgli un suo proprio ritmo. In questo modo, ritorna anche il lavoro sulla scansione metronomica del tempo che scorre e che il bambino ha bisogno di interiorizzare sperimentandola poco alla volta.
Il metodo di Pasini riesce a fare proprio questo: semplificare, affrontare diversi concetti in diverse situazioni, anticipare o riprendere apprendimenti non necessariamente della medesima disciplina, in relazione alle occasioni che si presentano durante i momenti di apprendimento. E questo si può fare non tanto grazie a complesse spiegazioni teoriche, quanto grazie a osservazione, pratica e sperimentazione, che sono i linguaggi dell'infanzia, essenziali soprattutto nei primi anni di crescita dei bambini, quando sono spinti dalla curiosità verso l'esplorazione della realtà.
Approfondendo gli argomenti principali del metodo, osserviamo che lo spartito stesso è considerato come un disegno geometrico in cui tutte le parti che lo compongono sono in perfetta armonia le une con le altre. Il lavoro di trascrizione e il disegno a mano libera di cui parla Pasini, per i quali è fondamentale la "geometria a colpo d'occhio", sono importanti non solo in ambito musicale ma anche per educare all'ordine, al linguaggio matematico, alla logica, alla concentrazione e alla pazienza. Il pentagramma è formato da un'alternanza di righi e spazi, paralleli ed equidistanti, che possiamo considerare in analogia all'alternanza matematica pari e dispari. Se partiamo da questo

presupposto, possiamo pensare che anche in musica è applicabile un calcolo di tipo grafico, grazie al quale è possibile, analogamente all'orientamento geografico con le mappe, leggere lo spartito e orientarsi, ad esempio, sulla tastiera, utilizzando la logica per discriminare il movimento ascendente o discendente delle note sullo spartito in relazione al corrispondente movimento orizzontale sui tasti di un pianoforte: un movimento in discesa delle note corrisponde a un movimento verso sinistra delle mani, un movimento in salita delle note corrisponde a un movimento verso destra delle mani. Si allenano in questo modo, al contempo, prerequisiti musicali, geografici, matematici e logici, quali lo sdoppiamento. Analogamente a qualunque apprendimento, anche in musica è necessario esercitarsi prima di acquisire una determinata padronanza, per cui è inizialmente necessario riflettere sulla relazione tra spartito e tastiera, per poi interiorizzare il processo e automatizzarlo.
Lavorando sullo spartito e su queste relazioni, si affronta contemporaneamente anche l'educazione all'ascolto in modo estremamente significativo: un bambino educato al linguaggio musicale, ascoltando la musica, riesce a discriminare all'ascolto i movimenti ascendenti o discendenti dei gruppi di note consecutive o con eventuali salti. In tal modo viene educato automaticamente ad avere un'idea dello spartito corrispondente e, viceversa, ad avere un'idea della melodia corrispondente allo spartito osservato. Se è vero che con la lettura di un libro immaginiamo le situazioni della storia narrata, la lettura di uno spartito – senza strumento musicale a portata di mano – dovrebbe portare il bambino ad immaginare i suoni corrispondenti ai movimenti ascendenti e discendenti osservati. I bambini mettono in atto, in questo modo, un grande lavoro di analisi grafica che non appare complessa, in quanto lo spartito è costituito da segni appartenenti al pregrafismo che descrivono esattamente ciò che deve succedere al suono. Questa competenza specifica la vediamo nei musicisti che di fronte a uno spartito immaginano la melodia, la intonano o ne seguono il ritmo con il corpo, intuendo anche le relazioni sonore esistenti tra i vari strumenti musicali (come nel caso della musica d'insieme).

L'ascolto, dunque, non perde assolutamente importanza, ma viene anche proposto durante gli esercizi, sempre accompagnati da musica classica o jazz: "Per attività di coloritura libera la musica con grandi sbalzi di volume può regalare agli alunni forti emozioni, contribuendo fortemente all'ispirazione nell'associazione tra suoni, forme e colori" (Pasini, 2021).

Per rafforzare la comprensione della corrispondenza biunivoca tra nota musicale, tasto e suono, Pasini aveva concordato con le insegnanti di sostegno, nei primi anni delle sperimentazioni, la realizzazione di spartiti 3D, grazie ai quali i bambini possono "suonare" a tempo le note in rilievo come se si trattasse dei tasti di un pianoforte.

Si allena in questo modo la consapevolezza che a ogni nota scritta corrisponde uno e un solo tasto del pianoforte, a ogni tasto corrisponde uno e un solo suono e di conseguenza a ogni nota scritta corrisponde uno e un solo suono.

Per questo motivo, si rivela di grande importanza l'esercizio di conteggio delle note, scritte o ascoltate, per seguire la musica.

Ogni operazione di conteggio in musica è, inoltre, rappresentata da una divisione matematica e geometrica attraverso una frazione che decide attraverso quali combinazioni di valori questa divisione deve essere espressa graficamente all'interno delle singole battute, considerate contenitori temporali geometrici: con una frazione di 4/4 posso decidere di utilizzare 2/4 + 2/4 oppure 1/4 + 1/4 + 2/4, e via dicendo.

Naturalmente, "per avere idea della durata, bisognerebbe abbinare la frazione alla velocità" (Pasini, 2021).

Avendo già raggiunto una certa indipendenza nell'uso del metronomo e una buona consapevolezza dello scorrere del tempo, il bambino può apprendere le relazioni intrinseche ai valori delle note, comprendendo come, sulla base della durata che si sceglie di attribuire al valore del quarto, e dunque del singolo battito del metronomo, si attribuiscono di conseguenza anche i valori, ad esempio, di 1/8, di 2/4, di 4/4, che dunque valgono mezzo battito, due battiti, quattro battiti in relazione a rapporti di metà e doppio. "Il

discorso è tale e quale alle normali unità di misura: dipende da quale tipo di durata associamo a ciascun beat del metronomo.
Il resto lo si ricava" (Pasini, 2021).

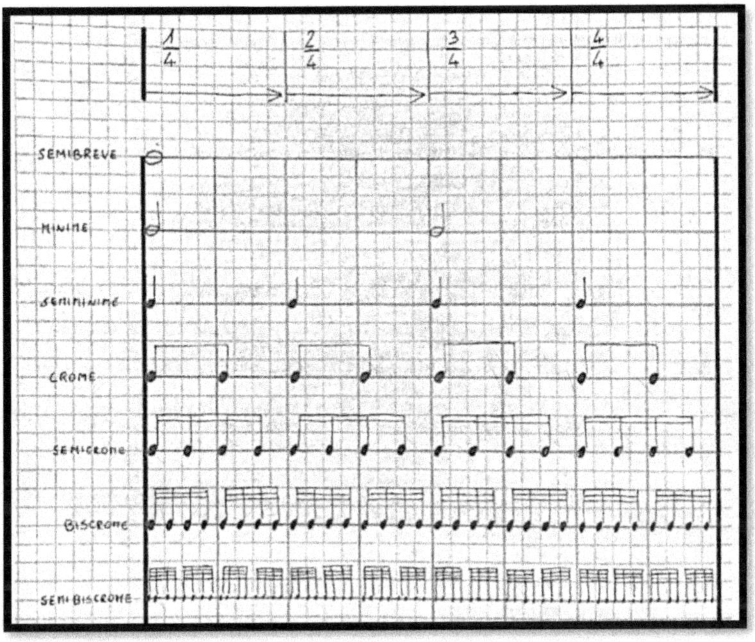

Pasini, D. (2021). MusicArte: Musica Arte Immagine nella scuola primaria. Edizioni We.

Se, da un lato, il conteggio delle note permette di verificare la corrispondenza tra spartito e suono, e dunque che vi sia lo stesso numero di note scritte e lo stesso numero di note suonate o ascoltate, considerando i rapporti di sequenzialità, dall'altro il conteggio delle battute consente di individuare una determinata posizione sullo spartito.
Come affrontato anche nel primo capitolo, esistono alcune tecniche di composizione basate sul riciclo musicale, che permettono di creare l'opera attraverso inversioni, ripetizioni, capovolgimenti e trasformazioni, ad esempio temporali, di una o più cellule melodiche di partenza.

Pasini, D. (2021). MusicArte: Musica Arte Immagine nella scuola primaria. Edizioni We.

Ritroviamo giochi di questo tipo nella Quinta di Beethoven, in cui le prime quattro note vengono ripetute con variazioni di tono come se si trattasse di un dialogo con un'alternanza di domande e risposte.
O, ancora, nel Mikrokosmos vol.1 di Béla Bartók che Pasini consiglia come strumento didattico per apprendere la lettura delle note nella scuola primaria, in cui gli spartiti 2a e 2b rappresentano l'uno il capovolgimento dell'altro.
Si è già parlato, inoltre, di Bach e si è visto quanto fosse abile nel realizzare numerosi giochi nelle sue composizioni in modo da riutilizzare lo stesso materiale in modo speculare e simmetrico, creando un intero brano musicale attraverso le trasformazioni di una prima cellula melodica.
Lo stesso principio viene applicato da Pasini (2021) nel lavoro sulle vignette, ritenendo che "la variazione continua e sistematica di un disegno sia l'unico modo per aiutare gli alunni a conseguire una piena padronanza dello spazio visivo".
Pasini propone degli esercizi che permettono di esplorare queste tecniche di composizione attraverso il disegno lineare.
Ad esempio, collegando le note con delle linee come se fossero i puntini dei giochi della Settimana Enigmistica, è possibile riconoscere il movimento di queste come un disegno e individuare il movimento generale della melodia, ascendente o discendente e comprendere in modo più profondo la struttura della musica e il suo linguaggio.

Pasini, D. (2021). MusicArte: Musica Arte Immagine nella scuola primaria. Edizioni We.

Pasini, D. (2021). Pianeta MusicArte: Guida per insegnanti, famiglie e studenti. Edizioni We.

Individuare questo movimento consente di facilitare in modo significativo il processo di lettura e di trasposizione musicale di uno spartito: riconoscendo la prima nota di una sequenza, ad esempio il DO, non è difficile riconoscere le successive avendo individuato le relazioni che intercorrono tra queste, che possono riguardare movimenti ascendenti o discendenti consecutive o con intervalli. Per riconoscerle, essendo lo spartito un disegno con basi matematiche e geometriche, è necessario applicare un ragionamento logico e grafico, che permette di scoprire i numerosi giochi matematici e geometrici che si trovano alla base della composizione e che permette di orientarsi, ad esempio, sulla tastiera. Nella lettura delle note è importante, infatti, la sua natura posizionale, in relazione alla quale ogni nota scritta in una determinata posizione con una determinata chiave corrisponde a un solo suono e a un solo tasto sulla tastiera, e la distanza tra due note può essere calcolata graficamente.

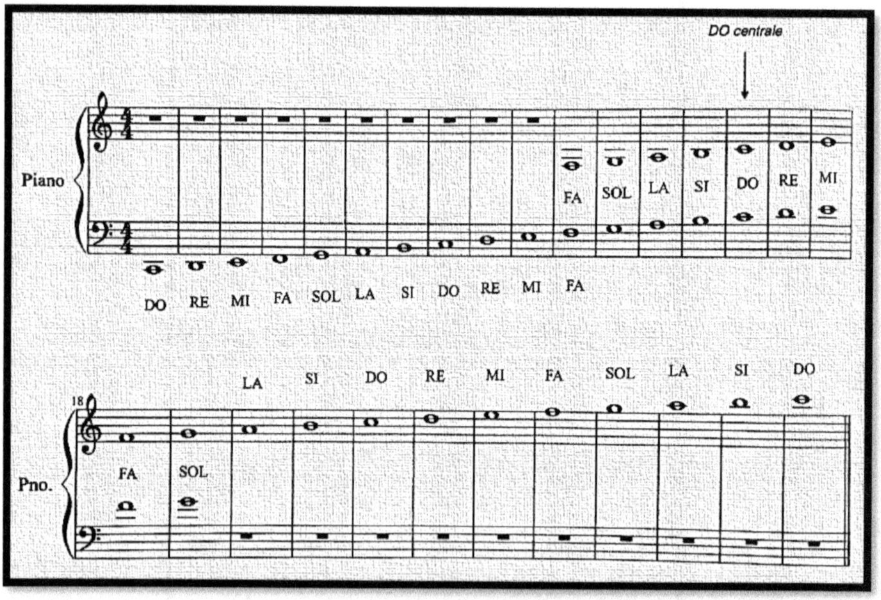

Pasini, D. (2021). MusicArte: Musica Arte Immagine nella scuola primaria. Edizioni We.

Un utile strumento per esercitasi su questi aspetti è, ad esempio, MuseScore, un programma che permette di scrivere musica e giocare con le diverse tecniche di composizione di cui si è parlato.

Questo lavoro, come accennato anche nel primo capitolo, può essere svolto anche con la scrittura, se consideriamo anch'essa come disegno in quanto "insieme di linee" (Pasini, 2021): si possono proporre esercizi di copiatura non solo di lettere ma anche di parole e frasi (nei diversi caratteri e nei diversi segni di scrittura), che possono essere capovolte, invertite, scritte in diagonale o in verticale e in versi opposti.
Una considerazione importante sull'approccio didattico di Pasini riguarda, inoltre, il fatto che attraverso questo è possibile lavorare su una molteplicità di aspetti della disciplina musicale e artistica ma al contempo su tanti aspetti delle altre discipline, prima tra tutte la matematica, e della persona stessa. Aspetti importanti come ordine, concentrazione e pazienza, ad esempio, andrebbero sviluppati a prescindere dalla disciplina in questione per poter fruire nel modo migliore di qualsiasi contenuto. Attraverso la musica si può lavorare considerevolmente su questi aspetti, tanto importanti per l'apprendimento di qualunque disciplina logica o di studio.
Come già accennato, ho avuto modo di osservare, nella mia esperienza personale, che spesso si tende a scollegare le varie discipline, a concentrarsi sui contenuti e poco sulla piacevolezza degli apprendimenti, sulla soddisfazione che consegue alla messa in pratica delle conoscenze acquisite e sulla consapevolezza che scaturisce dalla scoperta delle relazioni tra conoscenze e competenze apprese in una disciplina e in un'altra.
Le attività proposte da Pasini all'interno del suo metodo, si prestano significativamente alla scoperta e all'esercizio simultaneo di prerequisiti matematici e musicali, che si rivelano essenziali gli uni per gli altri e, al contempo, semplificati gli uni negli altri.
Inoltre, come scrive Pasini (2021), "la variazione degli esercizi e il costante capovolgimento del punto di vista permettono a ciascun alunno di trovare la propria strada. Questo allena la creatività, la fantasia, l'originalità, la genialità e stimola il pensiero divergente".
Riporto di seguito un'intervista diretta a Daniele Pasini, rimandando per gli aspetti più pratici del metodo, in merito alle attività didattiche che si concentrano sulle relazioni tra Musica e Matematica, al

Sottoparagrafo 1.3, in cui ho approfondito MusicArte in rapporto all'UDA proposta nella scuola primaria nel contesto del tirocinio formativo (descritta nel Quinto Capitolo), per la quale il metodo di Pasini ha rappresentato un importante riferimento.

1.1. L'intervista a Daniele Pasini

1. ***La prima domanda che vorrei porti riguarda cosa ti ha spinto a scegliere di insegnare. Tu hai scelto per la tua Tesi di Laurea un argomento particolarmente interessante, l'Infinito Matematico di Georg Cantor e avevi alle spalle diversi concerti e un primo premio di composizione. In quel periodo avevi già iniziato a pensare alla possibilità di sviluppare e utilizzare nella didattica un metodo che potesse racchiudere tutte le connessioni che, come abbiamo visto, riesce a racchiudere MusicArte?***

   Insegnare è frutto di un lungo percorso in cui sono intervenute persone importanti. Ai tempi in cui frequentavo il Conservatorio alcuni professori - tra cui il mio - avevano la mentalità secondo la quale bisognava scegliere: o il Conservatorio o le scuole superiori. Mia madre si oppose a questa mentalità, litigò con il professore di flauto e disse: "mio figlio farà le Magistrali". Da lí è cominciato tutto il percorso. Un altro tassello fondamentale è stato costituito da amici che mi hanno incoraggiato ad iscrivermi in Scienze della Formazione Primaria, perché pensavano che io potessi essere portato per tale mestiere. Onestamente non pensavo di essere in grado di insegnare, ero in generale molto sfiduciato, ma ciò che mi ha dato la carica è stato il primo esame di Logica e Fondamenti della Matematica, che mi riservò un bellissimo voto. Da allora ho preso coraggio e pian piano mi sono appassionato all'idea dell'insegnamento. La tesi sull'Infinito Matematico è stata una scelta in cui ha avuto molta importanza l'esame di Didattica della Matematica, con il prof. Paoli, grazie al quale ho avuto modo di conoscere l'affascinante teoria dell'Infinito Matematico di Georg Cantor. Nel mio passato scolastico non ho mai amato la matematica, ma allo stesso tempo mi sentivo portato. Mio padre organista mi ha sempre illustrato i legami esistenti tra musica di Bach e matematica, ma a parte questi insegnamenti paterni serbavo grande ostilità. Come specificato dal Prof. Paoli nel giorno della mia laurea, grazie alla tesi è avvenuta la mia definitiva riconciliazione con la matematica. Da questa riconciliazione è scaturito il mio primo CD, dal titolo "AlephZero", in cui l'Infinito Matematico è evocato da una marea di suoni sovraincisi che si intersecano l'uno con l'altro.

Dal momento in cui ho cominciato ad insegnare non ho mai pensato a un Metodo in senso stretto, poiché per l'ideazione sono intervenute altre esperienze e coincidenze negli anni seguenti. Sentivo, tuttavia, da diversi anni, l'esigenza di dover scrivere qualcosa, perché ero affascinato dai legami esistenti tra le varie discipline (cercavo, ad esempio, un nesso tra la musica di Also sprach Zarathustra, il libro di Nietzsche e il film Odissea 2001 nello spazio) e, soprattutto, condividevo pochissimi approcci delle didattiche musicali moderne che andavano per la maggiore. La risposta a questo mio "sentire" è arrivata, tuttavia, diversi anni dopo, quando io e mia moglie siamo tornati dalla Toscana, ho cominciato a insegnare a Quartu Sant'Elena e mi sono iscritto a un corso di apnea e di disegno.

2. ***Come e quando nasce il metodo, quali sono state le maggiori fonti di ispirazione, e qual è lo sfondo pedagogico di MusicArte?***

Prima che nascesse l'idea di un Metodo, un'ottima formazione musicale familiare mi ha preparato alle tante idee sperimentate nella mia didattica quotidiana e, di conseguenza, espresse nei miei 5 libri.

Prima di tornare in Sardegna dalla Toscana, dissi a mia moglie: "se riusciamo a tornare, voglio fare un corso di apnea". Non so da dove fosse nato questo desiderio, forse dalla visione del film "Le grand bleu", sta di fatto che la pratica dell'apnea è stata una delle fonti di ispirazione (alcuni esercizi con le vignette, tra cui la decalcatura e copiatura con "opzione-giro", mi sono stati ispirati dall'esercizio del "girarrosto", in cui dovevamo pinneggiare

roteando, ogni 3 o 4 pinneggiate, di 90° in senso orario).
Alla pratica dell'apnea si è aggiunta la decisione di frequentare un corso di disegno presso la Scuola d'Arte "Artemisia", a Quartu Sant'Elena.
Io avevo un cattivo rapporto sia con lo sport sia con il disegno ed ero convinto di non essere capace di disegnare. Ho deciso di vincere le mie difficoltà e ne è valsa la pena, perché l'apnea è uno sport meraviglioso e nel disegno continuo tuttora a perfezionarmi con Enrico Deiana, eccezionale artista di Olbia.
E, così, siamo a due fonti di ispirazione che hanno contribuito in maniera determinante alle idee didattiche che ho messo in campo e continuo a mettere in campo nelle mie classi.
La sola formazione musicale non bastava, visto e considerato il carattere fortemente interdisciplinare del Metodo che è scaturito negli anni a venire.
A queste esperienze si è aggiunto il passaggio dal sostegno al posto comune. Proprio nel momento in cui ho deciso di intraprendere questo importante passaggio, la Dirigente (Dott.ssa Tiziana Maria Diomedi, che non ringrazierò mai abbastanza) decise di assegnarmi Musica in tutte le classi, Arte e Immagine in alcune e potenziamento nelle restanti ore.
Tutte queste novità hanno fatto sì che nella mia mente esplodessero letteralmente tantissime idee, a partire da un'intuizione iniziale: "lo spartito musicale è un disegno".
I pentagrammi a mano libera e le griglie a mano libera (prima sul quaderno poi su foglio bianco) sono state le prime attività a cui hanno fatto seguito tantissime altre idee inarrestabili, che non riuscivo a frenare.
Ogni settimana entravo in classe con un'idea diversa. Solo al termine del secondo anno delle prime ma significative sperimentazioni, mi sono reso conto che erano idee realmente nuove, di un nuovo modo di vedere e concepire la musica e l'Istruzione musicale.
Erano le idee fresche, sperimentate giorno dopo giorno, tra tentativi ed errori, di un nuovo Metodo.

3. ***Quali aspetti del metodo ritieni siano di maggior importanza dal punto di vista formativo, con particolare attenzione alla promozione dell'inclusione e dell'interdisciplinarità?***

Gli aspetti più importanti del Metodo sono:

1) *La lettura delle note con strumento compensativo*;
2) *La creazione di schemi delle scale maggiori e minori con i nomi delle note scritti in stampato MAIUSCOLO o* ***minuscolo e grassetto***: questo modo di rappresentare i nomi delle note è un chiaro riferimento visivo (poiché anche la tastiera è un disegno, formato da rettangoli) alla grandezza dei tasti e, quindi, si configura come un altro efficace strumento compensativo e dispensativo;
3) *L'importanza data al metronomo che*, di fatto, *è lo strumento di misura escluso dall'Istruzione*. Lo conoscono in pochissimi e ancora meno persone sanno e hanno compreso l'importanza di questo fondamentale strumento di misura nella formazione di un bambino;
4) *L'attenzione data al calcolo dei salti*, che permette una maggiore autonomia nella lettura delle note;
5) *L'attenzione data all'interdisciplinarità della musica*. La musica dev'essere insegnata come disciplina legata alle altre discipline. Il problema della musica, ancora oggi in Italia (non posso parlare degli altri stati, ma mi rendo conto che molti di essi sono avanti anni luce rispetto a noi), è che questa meravigliosa disciplina viene insegnata solo come musica, quindi totalmente scollegata dalle altre discipline. Alcune volte viene collegata con altre discipline ma, a mio avviso, sono collegamenti poco importanti che non vanno mai al cuore del problema, ovvero: "come mai l'alfabetizzazione musicale su uno spartito vero non viene presa in considerazione sin dai 6 anni?". Nella lingua italiana vengono alfabetizzati, in matematica conoscono i numeri e imparano a svolgere autonomamente operazioni (sin dall'infanzia conoscono anche le figure geometriche), in inglese vengono alfabetizzati, nel corso di un ciclo di scuola primaria imparano a realizzare le mappe concettuali, ma in musica si resta fermi alle canzoncine,

body percussion e poco altro, come se il linguaggio musicale non fosse degno di essere imparato! Non è discriminazione, questa?;

6) *Lo spartito musicale, un qualsiasi spartito musicale, deve essere trattato come un libro normale.* Nella lettura di uno spartito bisogna essere indipendenti, come lo si è con un libro normale. Come tu hai ben riportato ciò che ho scritto nei libri, Bianca, nello spartito ci sono tutte le informazioni per leggere le note e immaginare i gruppi di suoni, ovvero le loro relazioni in senso sequenziale come pure verticale. Il bambino ha questo diritto fondamentale e non può essergli negato! Qualsiasi altra attività deve essere considerata di secondaria importanza. Prima di tutto viene la conoscenza dello spartito e l'indipendenza nella lettura e comprensione della tastiera. Tutto il resto, secondo me, deve venire dopo, poiché è una naturale conseguenza.

4. ***Tu hai la meravigliosa occasione ogni giorno di sperimentare il tuo metodo con i bambini nella scuola primaria. Il loro contributo e il loro riscontro sono fondamentali per lo sviluppo e il perfezionamento di MusicArte. Quali riscontri hai avuto in questi anni e quali criticità si sono verificate? Quali contributi dei bambini ritieni maggiormente interessanti e di più grande importanza per l'evoluzione del metodo***

   Hai ragione, Bianca, è veramente una meravigliosa occasione! Mi sento veramente un privilegiato ad insegnare esattamente ciò che mi piace insegnare! Non tutti, soprattutto alla primaria, hanno questa opportunità! Nella scuola primaria capita sempre di insegnare qualche disciplina che piace un po' meno. A me non solo piacciono entrambe, ma riesco a collegarle perfettamente!

   Senza il contributo dei bambini non sarebbe mai potuto nascere il Metodo. Ogni idea espressa nei miei 5 libri nasce dalla relazione con loro, dal loro impegno, dai loro errori e da tutte le correzioni che ho apportato in questi anni. Senza i bambini non avrei potuto mai scrivere neanche due righe come pure correggermi e rivedere alcune mie errate valutazioni. Quasi tutto, nei libri, è frutto di una sperimentazione e ognuna di esse nasce

da una relazione tra me e tutti i bambini che sono passati e continuano a passare nelle mie classi.
Se tornassi indietro non ripercorrerei mai certi passaggi che oggi valuterei come errori (in relazione agli obiettivi che mi prefisso ogni anno, nelle programmazioni annuali e settimanali), ma una cosa non è mai cambiata: ***l'approccio alla ricerca dell'indipendenza nella lettura di uno spartito musicale, un qualsiasi spartito musicale***, perché il bambino ne ha diritto!
Le criticità che si sono verificate non sono state poche. Da un lato l'eccesso di entusiasmo - che a volte mi ha portato erroneamente a chiedere troppo ai bambini o stressare i genitori, lo ammetto - e dall'altro lato, a volte, ho dato tante cose per scontate.
Questo "dare per scontati tanti concetti" nasce dal fatto che, obiettivamente, il musicista allena continuamente il multitasking. Come non rimanere incantati dalle abilità di un qualsiasi strumentista? Quanti movimenti riesce a coordinare, insieme, il musicista, tanto da poter essere paragonato a un giocoliere? Ecco, succede che a causa di questo allenamento che porta noi musicisti a saper coordinare tanti movimenti, ci fa apparire banali delle competenze che per altri risultano come arabo.
Facciamo un esempio concreto: non è mica scontato che la musica scritta sia un linguaggio che, sullo spartito, procede sempre verso destra ma che, con l'uso della logica, sa discriminare quando è il momento di andare verso destra o sinistra, sulla tastiera, a seconda che le note salgano o scendano. Questo non è per nulla scontato!
La cosa bellissima della musica, per chi ha difficoltà con la lateralizzazione, è che *l'orecchio è un grande strumento compensativo* che compensa questo genere di difficoltà. Infatti, come specificato nella Tesi e nei miei libri, il movimento delle note verso l'alto o il basso descrive esattamente ciò che deve succedere al suono.
Quindi, tornando alla formazione del musicista, la lettura delle note per noi è una competenza normalissima, facile oserei dire, ma gli altri vedono questo come qualcosa ai limiti

dell'inarrivabile. Ci sono persone che chiudono letteralmente la porta della mente di fronte all'argomento "lettura delle note".
Ecco, io ho dovuto fare un lavoro continuo di semplificazione dei concetti basilari e, che vi sembri strano, lo sto continuando a fare. Trovo sempre nuovi modi per frantumare ogni singolo concetto in modo tale che sia compreso da tutti, ma proprio tutti!
Questa è la maggiore criticità che mi spinge tuttora a trovare nuovi modi per spiegare concetti semplici. Una criticità che è stata una grande, enorme opportunità, soprattutto da quando ho deciso di scrivere libri, prima di tutto per mettere ordine in quel mare di idee che trapassavano, come treni Frecciarossa, la mia mente.
In merito ai contributi dei bambini, direi che mi lascio contagiare dal loro sguardo. I loro occhi, la loro genuina curiosità, sono la mia guida costante e, in alcune classi, sono le loro domande e iniziative spontanee a guidarmi nell'insegnamento, a dirmi "cosa devo fare".

5. ***Il metodo MusicArte affronta profondamente le connessioni che intercorrono tra musica, arte e matematica. Questo è un aspetto ancora poco esplorato nella didattica, per quanto estremamente interessante e ricco di potenzialità. Sarebbe importante, nella formazione dei docenti, poter incoraggiare esplorazioni didattiche innovative come quelle che affronta MusicArte, in modo da realizzare sempre più concretamente le possibilità educative e formative dell'interdisciplinarità. Vorrei chiederti un parere da questo punto di vista. Tu, inoltre, proponi già dei corsi di formazione per gli insegnanti. Quali riscontri hai avuto e continui a ricevere?***

Il mio parere in merito è molto netto e senza mezzi termini: di esplorazioni didattiche ce ne sono anche troppe. C'è troppa confusione. Il mondo della didattica musicale, quello italiano soprattutto, è immerso in un *mare magnum* in cui non si capisce quali siano i concetti davvero importanti nell'Istruzione musicale della scuola primaria. Elenco, qui di seguito, alcune delle convinzioni riportate direttamente o indirettamente da parte di persone impegnate nella didattica musicale:

1) *Le note (il linguaggio scritto dello spartito) vanno presentate il più tardi possibile*. E perché mai?;
2) *Un serio metodo musicale che si rispetti parte dal canto*. E se a un bambino non piace cantare? È possibile che si rimanga ancorati al mondo fatato delle canzoncine e poco altro? Ora, capisco che un insegnante non specializzato si debba arrangiare (e tante colleghe l'hanno fatto assai egregiamente, riuscendo persino ad appassionare alla musica), ma per spiegare le note musicali e farle leggere non serve una laurea! In merito al canto e in base alla mia esperienza, in occasione dei saggi faccio realizzare semplici strumentini con i quali realizzare ritmi divertenti e faccio cantare, ma... se un bambino lo si fa lavorare sulla conoscenza delle note su spartito e tastiera, lo si rende indipendente!
   Suonare gli permette di educare l'orecchio e, se ha voglia, può cantare ciò che suona o cantare in generale. Chi glielo impedisce? È il linguaggio scritto che "sostiene" la consapevolezza nel canto. Io ho avuto ex alunni a cui non piaceva cantare: per loro il canto, quindi, era una penitenza. Viceversa, gli stessi alunni erano brillantissimi nella lettura delle note! Erano capaci di leggere le note con lo spartito al contrario!;
3) *Per apprendere il linguaggio musicale bisogna passare prima da segni non convenzionali*, anche per esplorare differenze tra suono e rumore. Dico io, se il linguaggio musicale sullo spartito presenta segni del pregrafismo che descrivono esattamente il comportamento dei suoni e delle pause, mi si può spiegare che bisogno c'è di inventare nuovi segni? Per l'alfabeto, per caso, si inventano segni grafici alternativi? Dopo un primo periodo di pregrafismo si passa subito a presentare le lettere, senza perdere neanche tanto tempo. I numeri...idem! Tutto il resto dell'Istruzione funziona in modo normale. Solo la musica viene trattata diversamente. È una disciplina oggettivamente diversa per una serie evidente - ma allo stesso tempo complessa - di

motivi, ma la conoscenza del linguaggio musicale di base deve essere garantita!
Un approccio davvero sbagliato è quello di pensare di educare alla musica solo con l'ascolto. L'ascolto è importantissimo, intendiamoci, ma è come pensare di educare alla lettura leggendo libri ai bambini senza mai insegnare loro a leggere. Il paradosso di questi approcci è evidente.
Oltre a queste convinzioni (quelle che secondo me sono le più ricorrenti) c'è un proliferare di metodi musicali che sostiene queste ed altre convinzioni, ma in tutta questa straordinaria abbondanza di materiale manca totalmente il riferimento a una domanda: "cosa è importante per il bambino, affinché apprenda il linguaggio musicale?". La mia impressione è che si giri continuamente intorno al problema, perché forse questo genera una possibilità di creare materiali da vendere (per nulla necessari) che generano continua dipendenza da supporti esterni (tutorial). Intendiamoci, anche io ho creato tutorial, per aiutare a spiegare, ma l'obiettivo era spiegare meglio i criteri da prendere in considerazione per imparare ad essere autonomi e poter suonare. Questi approcci moderni hanno una validità che si riferisce esclusivamente a un determinato brano musicale o una determinata scheda, ma non risolvono il problema dell'indipendenza, che dovrebbe essere il bene supremo di una didattica davvero a misura di bambino.
Per il suo esclusivo bene!
Prima di qualsiasi approccio bisogna dire la verità, ovvero partire dallo spartito per dimostrare tutti gli elementi analizzabili, a portata di bambino, affinché si comprenda la ricchezza reale di uno spartito musicale. Non servono schede, non servono note colorate. Possono essere supporti, anche validi, ma le schede ci sono già e sono gli spartiti!
Bisogna analizzare, osservare e far comprendere profondamente agli alunni! La musica è una Scienza, del suono, della grafica, del movimento ed è un linguaggio in cui le regole grammaticali di base (le alterazioni, per l'esattezza) sono molto più semplici di

qualsiasi altra regola grammaticale esistente. Tali regole partono dall'osservazione del segno grafico come un disegno per comprendere cosa ci dice e desumere, in tal modo, la regola grafica.
In merito ai corsi, finora ne ho tenuti 10. Molti partecipanti mi hanno dato ottimi feedback ed in genere tutti rimangono davvero stupiti da quanta ricchezza ci sia dietro uno spartito musicale. Molte persone vedono lo spartito come un elettroencefalogramma. È molto più decifrabile di quel che si pensi e tu, Bianca, nel corso del CAP. 3, hai spiegato perfettamente alcuni passaggi fondamentali di alcune idee che ho messo quotidianamente in campo nelle mie classi.
I miei corsi sono strutturati in 3 livelli: base, intermedio e avanzato. Finora ho tenuto solo corsi livello-base, che sono stati frequentati anche da musicisti, perché un conto è essere musicisti e tutto un altro conto è la didattica della musica. Noi musicisti abbiamo molto bisogno di imparare a non dare tanti concetti per scontati, perché per le persone normali leggere le note è qualcosa di astruso e dobbiamo tenerne conto!
Tornando al proliferare dei metodi chiudo questa intervista (ringraziando Bianca e il prof. Paoli per la straordinaria opportunità) con una domanda: "i metodi esistenti sono riusciti nel far percepire, alle persone, che la musica è molto più alla portata di quel che si pensi?". Se la risposta è no, vuol dire che tutto ciò che è esistito finora ha fallito miseramente. Non è un problema musicale. È un problema squisitamente legato a una fasulla percezione, che il Metodo MusicArte si pone l'obiettivo specifico di risolvere, cercando di ridurre le distanze tra falsa percezione e verità, ovvero che "per comprendere la musica non serve essere dei geni". La pratica strumentale è tosta, ma alla comprensione del linguaggio musicale di base ci arrivano tutti. La musica è realmente un linguaggio per tutti, come evidenziato anche nel titolo della Recensione che il mio Metodo ha ricevuto, sulla prestigiosa Rivista specializzata "Suonare news", nel marzo 2020.

1.2. L'intervista a Davide (12 anni, 2° media), un ex alunno del Maestro Daniele Pasini alla scuola primaria

Segue una seconda intervista rivolta a Davide, che al momento di quest'ultima frequentava il secondo anno della scuola secondaria di primo grado.

Durante gli anni della scuola primaria, Davide ha sperimentato e vissuto MusicArte in quanto alunno del Maestro Daniele Pasini, che nella sua classe insegnava Musica.

1- ***Che ricordi hai delle lezioni di Musica alla scuola primaria?***

   Erano molto interessanti e aspettavamo sempre che arrivasse l'ora di musica.

   La cosa più bella era che ascoltavamo musica rilassante mentre lavoravamo sugli spartiti.

2- ***Quali sono state le difficoltà più grandi che hai avuto nei compiti di Musica?***

   Non ho avuto molte difficoltà. All'inizio era difficile ricalcare ed essere precisi, ma dopo un po' di esercizio diventava più facile. In particolare, era difficile abituarsi a usare un tratto leggero con la micromina che altrimenti si poteva spezzare.

3- ***Qual era la tua attività preferita?***

Le attività che mi piacevano di più erano gli esercizi sulla diamonica. Mi ricordo soprattutto quando per Natale 2021 avevo preparato un video di auguri per le maestre in cui suonavo Jingle Bell Rock. Gli esercizi sul pianoforte di quel periodo sono stati una delle cose più piacevoli della quarantena.

4- ***Maestro Daniele ha cercato di mostrarvi quante cose hanno in comune la Musica, il Disegno e la Matematica. Quali sono gli aspetti, secondo te, più importanti?***

Maestro Daniele ci insegnava a costruire il pentagramma disegnando un pezzo alla volta e a prendere le misure con le dita dividendo a metà senza usare il righello. Dovevamo anche stare attenti a posizionare e incolonnare le note nel modo giusto. Una cosa molto interessante sul pianoforte è che le note dello spartito che vanno verso su si suonano verso destra, e le note dello spartito che vanno verso giù si suonano verso sinistra. Questo assomiglia a quando si conta in avanti oppure, al contrario, si scende tornando indietro, e il pianoforte assomiglia alla linea dei numeri. Infatti, spesso anche alle dita della mano si danno i numeri da 1 a 5, per indicare che spostandosi verso destra si sale, mentre verso sinistra si scende.

5- ***Pensi che le lezioni di Maestro Daniele, nelle ore di Musica, possano averti aiutato anche in altri momenti? Ad esempio, nella comprensione di alcuni principi e alcune regole matematiche e geometriche, nello studio della musica, nel disegno artistico e tecnico o in altri ambiti che non necessariamente riguardano la scuola.***

Penso che gli esercizi che ci ha fatto fare Maestro Daniele sugli spartiti mi stiano aiutando alle scuole medie con il flauto dolce, perché mi trovo molto bene a studiare i brani con l'accompagnamento della melodia e li imparo molto più in fretta piuttosto che provando a suonarli senza la musica in sottofondo. Questo assomiglia agli esercizi in cui dovevo ricalcare lo spartito perché è come se stessi ricalcando il suono. Inoltre, quando ho iniziato le scuole medie ero uno dei pochi studenti della mia classe che conosceva già le note e sapeva già leggere uno spartito. Proprio qualche giorno fa ho fatto degli esercizi a casa per imparare a leggere le note sul pentagramma, le durate delle note e le pause. Non ho ripassato e non ho fatto nemmeno un errore perché mi ricordavo tutto.

In geometria, in arte e in tecnica penso che siano molto utili gli esercizi di precisione con la micromina perché mi aiutano nella precisione del disegno soprattutto tecnico e ad usare un tratto leggero. Mi hanno aiutato molto gli esercizi a mano libera perché riesco a disegnare in modo abbastanza preciso anche senza il righello.

Credo che anche gli esercizi sul pianoforte siano utili per la matematica proprio perché, come ho detto prima, assomiglia alla linea dei numeri e allenarsi a pensare così aiuta a velocizzarsi nei calcoli.

1.3.Ancora sul metodo MusicArte del Maestro Daniele Pasini

Il metodo di Pasini, come abbiamo visto, si concentra in modo diretto sulle relazioni che intercorrono tra la Musica, l'Arte, la Matematica e la Geometria. Dopo una descrizione prevalentemente teorica del metodo, poiché non potrei esplorare ogni aspetto dello stesso in poche pagine, mi addentrerò ora nell'approfondimento di alcuni argomenti che ho selezionato come riferimento ai fini della progettazione di un'UDA pensata per la scuola primaria e che ho riportato all'interno del Quinto Capitolo.

La prima osservazione importante, di cui ho già accennato anche nel Primo Capitolo, riguarda la costruzione dello spartito come disegno geometrico. Scrive Pasini (2021): ‹‹Ogni elemento presente nello spartito parla di geometria: linee verticali, linee orizzontali, cerchi o ovali (le note), linee curve, segni del maggiore e minore e tanti altri››. Alla sua base, la prima cosa che notiamo è il pentagramma, composto da 5 linee orizzontali, parallele ed equidistanti e, di conseguenza, da quattro spazi. Su di esso, sopra i righi o dentro gli spazi, vengono rappresentate le note, sotto forma di cerchi o ovali e segmenti verticali e le pause, anch'esse dalla forma geometrica. Queste sono posizionate in maniera equidistante secondo criteri geometrici e le note che si suonano simultaneamente sono incolonnate. Sono, inoltre, raggruppate all'interno di contenitori temporali chiamati battute, dalla forma generalmente rettangolare o quadrata, delimitate da segmenti verticali. All'interno di ogni battuta, la somma tra i valori di note e pause corrisponde al valore frazionario indicato all'inizio del pentagramma. Ad esempio, se il valore indicato è 4/4, all'interno di ogni battuta la somma dei valori delle pause e delle note corrisponde a 4/4. Come già introdotto, possiamo formare una battuta di 4/4 usando una semibreve, oppure usando due minime (2/4+2/4), o ancora quattro semiminime (1/4+1/4+1/4+1/4), o una minima e due semiminime, e via dicendo. È importante, però, allenare la consapevolezza della relazione tra i valori e il tempo, ovvero la consapevolezza dell'importanza della durata che si sceglie di attribuire al valore di 1/4 e che corrisponde a un singolo battito del metronomo, come già spiegato. Bisogna sottolineare che il metodo di

Pasini attribuisce una grande importanza all'approccio grafico (i bambini vengono spesso invitati a descrivere ciò che vedono) e alla ricerca "*a occhio*" delle proporzioni e della metà, ad esempio. Non si concentra particolarmente, invece, sulle frazioni, in quanto queste rappresentano una naturale conseguenza di quanto visibile sullo spartito, che deve riflettere esattamente il tempo: così come le note disposte sullo spartito rappresentano il percorso sonoro del suono, allo stesso modo le posizioni delle note all'interno di ogni battuta descrivono la regolarità del ritmo.
Pasini (2021) scrive che ‹‹il linguaggio musicale è il linguaggio del pregrafismo›› ed è essenziale lavorare su linea e figure geometriche quali cerchi e ovali in modo da abituare i bambini ad osservare lo spartito come un disegno con regole matematiche e geometriche. In questo modo, così come i musicisti riescono memorizzare "*a orecchio*" vere e proprie misure sonore, esercizi simili permettono di interiorizzare la "*Geometria a colpo d'occhio*" grazie alla quale riuscire a cogliere le proporzioni tra gli elementi e a scrivere le note equidistanti, senza strumenti di supporto quali il righello. Un'attività di Eye training riguarda, ad esempio, la costruzione di linee parallele (verticali o orizzontali) di una determinata misura: si può partire da 1 cm e continuare con uno sviluppo progressivo sui multipli.
Un altro aspetto importante riguarda la relazione tra i valori delle note, basata sul principio della metà. Pasini (2021) propone la costruzione della "*griglia dei valori*", uno strumento abbastanza intuitivo attraverso cui osservare che il valore di ogni nota corrisponde, allo stesso tempo, alla metà e al doppio di un'altra: la minima (2/4), ad esempio, è allo stesso tempo la metà di una semibreve (4/4) e il doppio di una semiminima (1/4).
In questo modo è possibile costruire le battute, a livello grafico, attraverso diverse combinazioni di note, che si riflettono sul tempo in quanto ‹‹il ritmo grafico, che si fonda su regole grafiche matematiche, rappresenta il ritmo di esecuzione››, e ‹‹attraverso la rappresentazione delle durate musicali su griglia, si comprende quanto la Geometria sia presente all'interno del sistema musicale›› (Pasini, 2021).

Interessante, per comprendere queste relazioni, è l'esercizio che propone Pasini per "*trovare empiricamente la metà*", in cui nella costruzione "*a occhio*" delle battute i bambini sono invitati a prestare attenzione alla posizione delle note, alcune delle quali devono trovarsi a metà della battuta in relazione alla durata delle stesse. Dal momento che Pasini propone l'analisi di brani per pianoforte (con chiavi di SOL e di FA), le note devono essere, inoltre, disposte sul pentagramma tenendo in considerazione non solo le loro relazioni sequenziali ma anche le loro relazioni simultanee e dunque con uno sguardo contemporaneamente orizzontale e verticale. A questo proposito, Pasini (2021) propone anche delle attività di rappresentazione ritmica su una griglia musicale costruita a mano libera, attraverso le quali i bambini si concentrano nello specifico su queste relazioni tra i valori: ‹‹non è possibile sfasare le note rispetto a questo ordine matematico e geometrico che si riflette inevitabilmente sul tempo›› (Pasini, 2021).
Grande rilevanza, nel Metodo MusicArte assumono gli esercizi di copiatura e *decalcatura* degli spartiti musicali, attraverso i quali ‹‹i bambini raggiungono elevati livelli di consapevolezza musicale›› (Pasini, 2021). Con la *decalcatura* su carta lucida i bambini sono invitati a tenere il foglio fermo con la mano e così facendo allenano i tempi di concentrazione. Interiorizzano, inoltre, i segni musicali fondamentali e apprendono la differenza tra contenitore e contenuto, rinforzata anche nelle attività di *decalcatura* delle vignette nel rispetto di un'ottica interdisciplinare in relazione alla quale è importante proporre una medesima procedura nelle due discipline. Questi esercizi si rivelano estremamente interessanti per aiutare tutti i bambini nel rinforzo del pregrafismo, nella coloritura e nella memorizzazione motoria delle sequenze per realizzare un disegno semplice o complesso. Pasini (2021) definisce, infatti, la *decalcatura* come ‹‹il ponte verso la copiatura, non solo di un disegno, ma anche di ciò che osservano intorno a loro››.
La principale criticità di questo esercizio riguarda il fatto che spesso i bambini si dimenticano delle linee, per cui sono invitati ad alzare il foglio per controllare di quali linee si tratta ed eventualmente a

completare il lavoro a mano libera, riuscendo a risistemare il foglio nella corretta posizione.
La *copiatura*, invece, è importante per l'osservazione più attenta di alcuni particolari dello spartito, dalla quale possono nascere domande e curiosità e attraverso la quale i bambini possono rafforzare la propria consapevolezza che ‹‹lo spartito è un disegno geometrico, con segni grafici appartenenti al pregrafismo e governati da regole geometriche›› (Pasini, 2021). Inoltre, aiuta anche nel consolidamento della lettura musicale, in quanto invita i bambini a leggere in modo più lento le note, e nel rispetto delle proporzioni e di un ordine preciso, allenando anche la geometria a occhio.
La *copiatura*, secondo il *Metodo MusicArte*, dovrebbe infatti partire dalla costruzione a mano libera del pentagramma e proseguire con le chiavi ed eventualmente con i sistemi. Si tracciano a questo punto le stanghette delle battute con il colore rosso, in modo che queste siano facilmente distinguibili dalle stanghette delle note e in seguito si disegnano le note avendo cura del loro posizionamento all'interno dello spartito e di ogni singola battuta. L'utilizzo di due colori diversi permette ai bambini di interiorizzare la differenza tra contenitore (la battuta) e contenuto (le note e le pause).
Per gli esercizi di trascrizione, Pasini (2021) consiglia di utilizzare i brevi brani del *Mikrokosmos vol.1 di Béla Bartók*, ideali per le attività di conteggio delle note all'ascolto. Sono, infatti, composti da poche note, annunciate da un piccolo doppio pentagramma presente prima di ogni brano, le quali vengono presentate gradatamente e procedono spesso con gradualità e dunque sono spesso conseguenti e corrispondenti a tasti del pianoforte vicini, risultando anche semplici da suonare: questo nello spartito è rappresentato dall'alternanza rigo-spazio che, oltre a richiamare la successione numerica pari-dispari, è anche alla base delle scale, costituite da note con alternanza rigo-spazio. In questo caso, un fattore facilitante è rappresentato anche dall'omoritmia, in quanto le note dei sistemi sono incolonnate verticalmente trovandosi in rapporto di simultaneità, per cui mano destra e sinistra devono suonare insieme. Nella trascrizione, è importante, inoltre, suddividere il pentagramma in quattro battute, in

modo tale da consolidare il concetto di metà che si trova alla base delle durate musicali.
Il piccolo doppio pentagramma presente prima di ogni brano rappresenta un ottimo strumento compensativo e propedeutico per la lettura delle note: annuncia le note che vengono usate, che i bambini possono leggere prima di concentrarsi sul brano.
Per supportare la lettura su spartito e tastiera, Pasini consiglia di utilizzare come strumento compensativo e dispensativo lo schema delle note, da tenere sempre a fianco rispetto allo spartito, attraverso cui i bambini possono imparare a leggere i nomi delle note in relazione alla loro posizione sul pentagramma: a ogni posizione, con una specifica chiave, corrisponde una nota che, a sua volta, corrisponde a un unico tasto sulla tastiera, in cui il DO centrale rappresenta la "bussola" attraverso la quale orientarsi.
A proposito della lettura delle note, va evidenziato un particolare molto interessante: se i bambini leggono la chiave di Sol, sullo schema andranno a consultare solo le note che, all'inizio del pentagramma, riportano la chiave di Sol. Questa pratica di ricerca delle note ha una forte affinità con l'incolonnamento di decine e unità. Così come le unità non si incolonnano mai sotto le decine e viceversa, allo stesso modo se leggo le note della chiave di SOL, nello schema delle note non vado a consultare la chiave di FA e viceversa.
Per poter suonare su tastiera (anche solo con il dito indice o sulle tastiere online della LIM) esiste una regola importantissima: il gruppo di note che procede verso l'alto sullo spartito corrisponde a un movimento ascendente da suonare sulla tastiera spostandosi verso destra; il gruppo di note che procede verso il basso sullo spartito corrisponde a un movimento discendente da suonare sulla tastiera spostandosi verso sinistra. ‹‹Ciò che succede nello spartito lo si avverte anche nel suono [...] per suonare bisogna ragionare›› (Pasini, 2021). Un valido strumento di supporto per l'apprendimento del funzionamento della tastiera è costituito dalla "*tastiera muta*", così come dalla "*Tastiera Muta in 3D*", che stimola l'immaginazione e aiuta i bambini a comprendere l'alternanza tra tasti bianchi e neri, le

regole di posizionamento, le relazioni tra tastiera e spartito. Ideale sarebbe, naturalmente, avere a disposizione strumenti musicali quali, ad esempio, un pianoforte, una tastiera o una diamonica, che Pasini fa usare a partire dalla Classe Terza, dopo un consolidato lavoro di pentagrammi a mano libera (nella Classe Prima) e di lettura delle note sul *Mikrokosmos* (nella Classe Seconda).

Per scrivere i nomi delle note, in particolar modo in riferimento alla rappresentazione di scale maggiori e minori, Pasini (2021) utilizza come strumento compensativo proprio la struttura della tastiera del pianoforte: i nomi delle note che corrispondono ai tasti bianchi, più grandi, si scrivono in stampatello maiuscolo; i nomi delle note che corrispondono ai tasti neri, più piccoli, si scrivono in minuscolo e grassetto. ‹‹Se lo spartito musicale è un disegno, anche la tastiera lo è›› (Pasini, 2021): questa non è che un rettangolo costituito da piccoli rettangoli bianchi e neri disposti in un ordine preciso e regolare.

2. Doremat (Lentini, 2015)

Un secondo metodo, "Doremat - La musica della matematica" (Lentini, 2015), è stato sviluppato per le scuole secondarie di primo e secondo grado da Denise Lentini e da un gruppo di collaboratori, come approccio allo studio della matematica che utilizza la musica quale veicolo didattico, e si basa sulle analogie tra le due discipline, che utilizzano entrambe simboli e linguaggi universali.

L'obiettivo principale del metodo è affrontare il problema della dispersione scolastica, che è spesso associato alla mancanza di motivazione nell'apprendimento e ai risultati scolastici insoddisfacenti.

Un'importante riflessione alla base di Doremat riguarda l'osservazione di quello che appare come un paradosso in merito alla matematica intesa come disciplina scolastica: da un lato, è universalmente considerata una delle materie più difficili, dall'altro rappresenta la sola materia del curriculum affrontata con continuità e dunque permette agli studenti di sviluppare gradualmente un pensiero di natura scientifica, fondamentale per la crescita consapevole dei giovani in quanto stimola la loro curiosità e li spinge a interrogarsi sul "perché" delle cose. Attraverso l'uso della matematizzazione e della modellizzazione, la matematica insegna loro a individuare e analizzare i complessi legami che caratterizzano le realtà circostanti e le complesse dinamiche delle società contemporanee.

Anche l'educazione musicale, secondo quanto affermato da La Face Bianconi (2008), riveste un ruolo cruciale nell'ambito dell'apprendimento e rappresenta un elemento fondamentale nella formazione del cittadino, un processo dinamico e autoregolativo che comporta continue ristrutturazioni ed aggiustamenti.

Come disciplina a sé stante, l'educazione musicale richiede la definizione di un proprio statuto, linguaggio, oggetti e metodi, oltre alla delineazione di confini concettuali, presentandosi dunque come una disciplina complessa, con un suo modello di conoscenza, capace di fornire strumenti sia cognitivi che metacognitivi per l'interpretazione e la comprensione. Essa può svolgere un ruolo cruciale nel rispondere alle esigenze in evoluzione del sistema educativo-formativo, in quanto la musica è fondamentalmente cultura, una forma di conoscenza interdisciplinare che può illuminare altre aree del sapere.

È di vitale importanza sviluppare percorsi educativi in grado di sostenere i giovani che possono affrontare difficoltà scolastiche, problemi di socializzazione o essere considerati carenti in termini di conoscenze di base. Tali percorsi dovrebbero aiutarli nella costruzione di un solido sistema di competenze, attitudini, motivazioni e capacità di apprendimento.

Il metodo di insegnamento utilizzato da Doremat, in particolare, è basato sui laboratori educativi, che rappresentano una doppia risorsa didattica (Frabboni, 2009). Essi, infatti, offrono innanzitutto uno spazio per imparare ad imparare (obiettivo metacognitivo) e, al contempo, fungono da luogo per ricostruire, reinventare e talvolta trasgredire le conoscenze, facendo uso di codici immaginari, inusuali e originali (obiettivo fantacognitivo).

Grazie alle sue caratteristiche intrinseche, il laboratorio si configura dunque come un ambiente in cui è possibile fornire agli studenti strumenti cognitivi, interpretativi e sociali, aiutandoli a costruire

un'identità individuale e sociale più matura e integrata in una società consapevole. Inoltre, sia la matematica che la musica si prestano particolarmente bene alla didattica laboratoriale.
La matematica, grazie alla sua versatilità, costituisce un efficace strumento per esplorare e descrivere il mondo che ci circonda. Imparare la matematica significa sviluppare abilità come l'intuizione, la creatività, l'analisi, la sintesi e l'interpretazione. È chiaro, dunque, quanto sia fondamentale questa disciplina nell'ambito di un percorso di istruzione continua e lifelong learning. Il contesto in cui avviene l'apprendimento, soprattutto attraverso le connessioni con altre discipline, assume un'importanza cruciale poiché contribuisce a rendere gli apprendimenti autenticamente significativi e ad aumentare la motivazione degli studenti.
Dall'attività di ricerca e sperimentazione di Doremat è emerso anche un manuale che funge da risorsa didattica per gli insegnanti ed esplora vari argomenti matematici, tra cui aritmetica, algebra e geometria, tutti reinterpretati in chiave musicale. Il manuale propone una serie di laboratori matematico-musicali che costituiscono l'elemento centrale e innovativo dell'approccio e mettono in pratica la sinergia tra le due discipline attraverso attività pratiche, analogie, esempi concreti e esercizi. Di seguito riscrivo un esempio tratto da *Lentini, D. (2015).*

Trattandosi di un metodo sviluppato per la scuola secondaria, non entro nel dettaglio delle attività che propone.

3. Suoni e Silenzi (Iannuzzi, 2021)

Suoni e Silenzi è un metodo didattico, basato su un approccio ludico e creativo, ideato da Libero Iannuzzi per l'insegnamento della Musica nella scuola dell'infanzia e nella scuola primaria.

Scrive Iannuzzi (2021): ‹‹La musica è per me una forma di espressione libera e multiforme, e le buone idee sono di tutti [...]. Suoni e Silenzi è un'aggregazione di idee, personaggi ed invenzioni nate dalla mia fantasia". E lascia ai lettori piena libertà di interpretazione, integrazione stravolgimento del metodo e delle attività proposte››

Considero importante citarlo in quanto, nonostante si concentri sulla didattica della musica indipendentemente dalle connessioni con la matematica, riesce a proporre delle interessanti attività ricche di potenzialità nell'ottica di un insegnamento interdisciplinare.

Il metodo Suoni e Silenzi (Iannuzzi, 2021) può essere utilizzato nella scuola dell'infanzia e nei primi anni della scuola primaria in modo da lavorare non solo sulla scoperta del paesaggio sonoro, sul ritmo e su una prima alfabetizzazione musicale, ma anche in modo da lavorare contestualmente sui prerequisiti matematici e geometrici, su immaginazione e creatività, nonché sulla comunicazione non verbale, sul linguaggio corporeo e sulle sue potenzialità comunicative, relazionali, ritmiche ed espressive.

Con la guida dell'insegante e attraverso il supporto di alcune domande stimolo, lavorando sulla casa dei pallini i bambini riconoscono e denominano le principali figure geometriche (cerchio, quadrato, triangolo, rettangolo) e usano i quantificatori (di più, di meno, poco, tanto, molto, niente). Hanno inoltre la possibilità di familiarizzare con i concetti di metà e doppio e interiorizzarli e di cimentarsi nel confronto di quantità e nell'utilizzo dei simboli per registrarle, avviando dunque i primi processi di astrazione. Lavorano, al contempo, anche sul riconoscimento dei concetti temporali di successione, contemporaneità e durata (prima/dopo/durante/mentre), sull'identificazione di proprietà come le varie dimensioni (grande/medio/piccolo), sull'esecuzione di raggruppamenti e seriazioni sulla base di criteri diversi, e sulla discriminazione di

relazioni spaziali e concetti topologici di base (dentro/fuori, sopra/sotto, vicino/lontano, avanti/dietro, destra/sinistra).
All'interno del Quinto Capitolo riporto l'esempio di due UDA, pensate per la scuola dell'infanzia e primaria, nella progettazione delle quali uno dei metodi utilizzati come riferimento è stato proprio *Suoni e Silenzi*.
Il motivo per cui ho scelto di utilizzarlo come punto di riferimento nella progettazione delle mie UDA, riguarda il modo intuitivo in cui vengono presentate la struttura della battuta (la casa dei pallini) come contenitore temporale, in questo caso in 4/4, e le relazioni matematiche tra i valori delle note (i pallini) che occupano un proprio spazio all'interno della battuta.
Di seguito, a titolo di esempio, la mia rielaborazione della casa dei pallini e delle figure ritmiche, utilizzata nelle mie UDA:

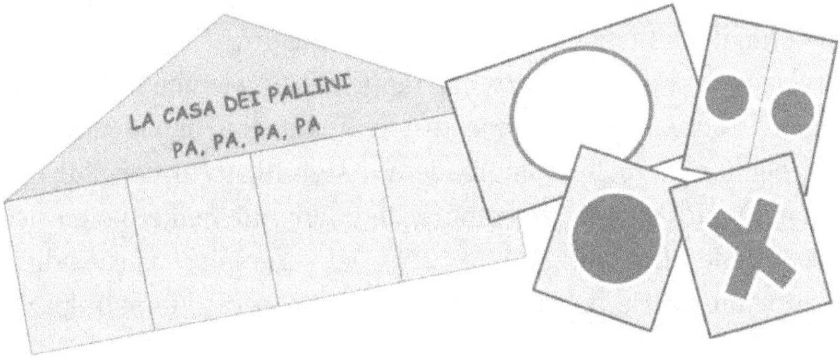

Come osservato da Iannuzzi, ‹‹oggi i bambini sono meno disposti a dare attenzione a contenuti che non siano accattivanti, sia a livello sonoro che visivo››.
Sono sempre più sommersi di stimoli, e per loro è sempre più importante il coinvolgimento visivo, che grazie a semplici simboli, come quelli utilizzati in *Suoni e Silenzi*, permette di coinvolgere i bambini e di offrire loro qualcosa di concreto che possa aiutarli a comprendere intuitivamente e divertirsi allo stesso tempo.

L'idea che ha ispirato Iannuzzi ha origine nel *Metodo Orff-Schulwerk*, sulla base del quale la musica, pima ancora di essere letta dovesse essere prima di tutto ascoltata, imitata e giocata, attraverso l'utilizzo di codici analogici, grafici e verbali.
Nel suo metodo, infatti, Iannuzzi utilizza una storia che parla di quattro pallini chiamati PA, che abitano in una casa di quattro stanze. Questa, rappresenta indirettamente una battuta di 4/4, in cui ogni stanza corrisponde a 1/4 e può contenere un PA (pallino nero che rappresenta la semiminima), due piccoli pallini neri inseparabili (TI-TI) che rappresentano due crome, oppure pallini ancora più piccoli anch'essi inseparabili (TE-KE-TE-KE) che rappresentano 4 semicrome. C'è poi un pallino bianco molto grande che occupa due stanze (2/4) e che si chiama PO-O (rappresentante la minima). Vi è poi il silenzio (X) che vale sempre 1/4 (corrispondente alla pausa della semiminima).
Si tratta di simboli dal nome semplice, "formato da tante sillabe quanti sono i battiti di mani necessari per suonarlo. Così il PA si batte una volta, il TI-TI due, il TE-KE-TE-KE quattro" (Iannuzzi, 2021).
Le relazioni tra queste figure, che rappresentano le une il doppio o la metà delle altre, sono visivamente e intuitivamente ben identificabili. Per i bambini è facile comprendere il significato di concetti come metà e doppio, ed è facile comprendere indirettamente il significato stesso delle frazioni 1/4 e 2/4, ad esempio, che indicano rispettivamente l'utilizzo di un solo spazio o di due soli spazi su quattro.
Si lavora in questo modo al contempo sull'apprendimento di concetti matematici e sull'apprendimento di concetti musicali, iniziando a familiarizzare con la struttura e il significato della battuta, con la geometria del linguaggio musicale (il rettangolo della casa e i cerchi dei pallini), con la durata delle note e la relazione tra le durate delle diverse figure, con la lettura di sequenze ritmiche e con la coordinazione tra voce e corpo nell'esecuzione della riproduzione ritmica.
I simboli che rappresentano le note, inoltre, sono stati scelti "in modo da renderli semplici ma al tempo stesso affini alla notazione

tradizionale” (Iannuzzi, 2021). In questo modo, nel momento in cui avviene il passaggio al pentagramma e alla notazione formale, è più semplice riconoscere la somiglianza delle note con i pallini.
Come spiegato da Iannuzzi, le note stesse sono simboli, ma volendosi concentrare inizialmente sulla lettura ritmica è una buona strategia separare questa dalla lettura melodica. In questo modo per i bambini sarà più semplice passare dall’una all’altra, associando nomi come PA o TI-TI ai pallini e nomi come DO o RE alla notazione formale che impareranno a leggere sul pentagramma. Diversamente, spiega, potrebbe essere complicato per i bambini passare alla lettura melodica avendo già attribuito alla notazione formale denominazioni diverse (come PA). Nel metodo Suoni e Silenzi, i pallini vengono considerati come cugini delle note, per spiegare che, analogamente al pallino nero, anche la nota nera dura un tempo.
Note e pentagramma sono, secondo Iannuzzi (2021), un aspetto secondario nell’apprendimento della Musica. Questo “passa attraverso una continua sinergia tra voce, corpo e strumento. Tutti e tre questi aspetti vanno curati in modo equilibrato affinché lo sviluppo musicale sia completo” e devono essere considerati elementi centrali nell’insegnamento della musica, che dovrebbe iniziare dalla pratica e da questa lasciarsi suggerire gli argomenti teorici che serve affrontare.
Lo stesso Iannuzzi (2021), giustamente, scrive: ‹‹nessun metodo, per quanto valido, va inteso come un credo religioso. Le buone idee, se sono tali, funzionano anche se slegate e rimescolate››.
Come accennato, Suoni e Silenzi non ha l’obiettivo di indagare le relazioni tra la musica e la matematica, quanto piuttosto di semplificare la scoperta della musica coinvolgendo i bambini con qualcosa di concreto che possa aiutarli a comprendere intuitivamente e divertirsi allo stesso tempo. Tuttavia, essendo le connessioni tra le due discipline innate e intrinseche alle stesse, non è possibile escludere l’una o l’altra, in quanto entrambe si prestano costantemente e reciprocamente l’una all’altra, soprattutto nella didattica, talvolta in modo inconsapevole. Spesso la consapevolezza arriva in un momento successivo, ma è quasi impensabile che

chiunque abbia una base di entrambe le discipline non possa ad un certo punto scoprire un insegnamento prezioso affrontato in merito ad una delle due e ripreso indirettamente nell'altra.
Suoni e Silenzi utilizza notazioni informali attraverso cui i bambini riescono in modo intuitivo a familiarizzare non solo con la struttura e il significato della battuta, ma anche con la geometria del linguaggio musicale (rettangolo di casa e battuta, cerchio di pallini e note), con le relazioni di metà e doppio visivamente ben identificabili che intercorrono tra le figure ritmiche, ovvero tra le note, e con la loro relativa durata. Lavorando sulla casa, costruendo e leggendo le sequenze ritmiche e coordinando voce e corpo nell'esecuzione della riproduzione ritmica, riescono al contempo a comprendere indirettamente il significato stesso delle frazioni, come abbiamo già visto.

4. Il Gioco dei Dadi di Mozart

Di questo argomento ho già parlato, in realtà, nel Primo Capitolo. Vorrei riprenderlo in relazione alle considerazioni didattiche di Paolo Alessandrini, che tuttavia si concentra sulla scuola secondaria di primo e secondo grado.
Scrive Alessandrini: "Il gioco musicale dei dadi rappresenta un'ottima opportunità per trattare in modo non convenzionale temi come il calcolo combinatorio e la teoria delle probabilità". Interessanti, come strumenti didattici, sono alcuni software che permettono di simulare il lancio dei dadi, costruire lo spartito ed eseguire il minuetto.
Altro aspetto al quale Alessandrini attribuisce importanza è la connessione tra le sonate per pianoforte e la sezione aurea, che può avere un'implicazione didattica soprattutto nello studio della statistica e delle equazioni di secondo grado, nella raccolta di dati e nella produzione e lettura dei grafici, e via dicendo.
Naturalmente non entro in merito a questi approfondimenti, in quanto non riguardano aspetti didattici che possono essere affrontati nella scuola primaria. Tuttavia, si tratta di interessanti curiosità e il gioco dei dadi si presta come attività che può essere assolutamente proposta

anche nella scuola primaria. I bambini possono giocare e divertirsi nella creazione di spartiti e nell'esecuzione delle melodie, lavorando sul reticolo geografico, sulle coordinate, su attività di conteggio con i dadi. Interessante sarebbe, ad esempio, poter combinare un'attività come questa a un'attività sullo spartito sulla base del metodo MusicArte, indagando i giochi matematici e grafici all'interno delle battute, le simmetrie delle cellule melodiche, e via dicendo.

5. EMP – Maths (Mall et al., 2016)

Il Portfolio Europeo della Musica – Matematica (EMP): 'Percorsi musicali nella matematica' (Mall et al., 2016) offre un manuale suddiviso in tre parti: un approfondimento sulle interconnessioni tra le due discipline, con particolare attenzione all'aspetto che riguarda il riconoscimento di schemi; un approfondimento sulle basi dell'apprendimento e sulla co-costruzione della conoscenza; una raccolta di attività da applicare in classe.
"Musica e matematica condividono una caratteristica singolare: molte persone credono di non essere brave nell'una o nell'altra (o in entrambe). [...] Tutti sanno cantare e fare musica, e tutti possono capire la matematica. Entrambi gli argomenti sono parte integrante della nostra vita e della società. Ciò che necessita un miglioramento è la nostra abilità a fornire agli studenti delle opportunità affinché queste discipline piacciano loro" (Mall et al., 2016).
Alla base di una nuova combinazione tra le due discipline è essenziale la creatività, in quanto approccio che permette di utilizzare argomenti e metodi disponibili in entrambe per supportarne lo sviluppo attraverso strade nuove e inaspettate.
Uno degli aspetti più importanti delle connessioni tra le due discipline, secondo il metodo EMP, è rappresentato dal riconoscimento di schemi, in quanto abilità fondamentale dell'essere umano associata alla consapevolezza di meccanismi e strutture di connessione. Questa consapevolezza richiede un processo attentivo che viene definito da Auhagen (2008) come ritmicamente organizzato. Questo viene osservato frequentemente nei bambini ed è riscontrabile nelle espressioni di gioia individuabili, ad esempio,

nel salto con la corda o nelle pozzanghere, nella creazione di suoni ritmici con dei bastoncini su una ringhiera, e via dicendo, che si configurano come occasioni di allenamento per la coordinazione e per il riconoscimento di schemi. Inoltre, sin dalla prima infanzia, uno dei giochi che si è soliti condividere con i bambini è il salto sulle ginocchia, caratterizzato da una sincronizzazione ritmica (Fischinger & Kopiez, 2008). Persino i movimenti delle gambe del bambino prima della sua nascita appaiono caratterizzati da schemi ritmici strettamente connessi al battito cardiaco della madre (Gruhn, 2005).
Alla base delle abilità musicali ritmiche vi è, dunque, l'abilità di riconoscimento degli schemi e della loro manipolazione, che permette di "sincronizzare un battito ripetuto" (Merker, 200).
Se, inoltre, ci cimentiamo nell'ascolto di una sequenza costante o simile di suoni, possiamo osservare la nostra tendenza a suddividere gli stessi in gruppi generalmente di due o tre e dunque a costruire degli schemi ritmici in modo automatico e spesso inconsapevole. Uno dei principali aspetti, infatti, che caratterizzano l'abilità di riconoscimento degli schemi ha a che fare proprio con la capacità di classificazione e suddivisione.
"Solo negli ultimi vent'anni circa è emersa una definizione di matematica sulla quale la maggior parte dei matematici ora concordano: la matematica è la scienza degli schemi" (Devlin, 2003). Uno dei principali obiettivi della matematica è rappresentato proprio dalla loro analisi e dalla descrizione delle loro regolarità e proprietà, in particolar modo in relazione all'esplorazione degli schemi geometrici, che si concentra sull'individuazione degli elementi di base o unità del fenomeno.
I compositori sfruttano questa abilità per creare composizioni musicali in cui suoni suonati da strumenti singoli sembrano costituire più voci simultanee per le nostre orecchie e il nostro cervello. Riconoscere queste strutture è un elemento essenziale nell'ascolto musicale (Bharucha & Mencl, W. Einar, 1996), caratterizzato dall'identificazione di suoni o strumenti, dalla comprensione delle relazioni tra ottave, dalla capacità di raggruppare note come Do, Re, Mi, Fa, Sol, La e Si in una scala maggiore e riconoscere una stessa

melodia eseguita in una tonalità differente. Tale abilità, ci permette di compiere azioni simultanee quali marciare, remare, applaudire e suonare una sinfonia, ma anche di coordinarci con un gruppo per svolgere delle attività in sincronia.
All'interno dell'ambito disciplinare della matematica, una delle implicazioni più importanti di tale abilità risiede nella memorizzazione dei numeri complessi composti da diverse cifre (es. i numeri telefonici), che tendiamo a raggruppare suddividendoli in gruppi di due o tre cifre proprio in relazione all'attività di raggruppamento di eventi legata alla sfera del ritmo.
Nel primo capitolo, si è parlato di Pitagora e della sua concezione pioneristica del suono e dell'altezza come rapporti matematici basati su un sistema di armonici. Questa visione ha aggiunto un valore intellettuale e umano alla musica, che precedentemente era considerata un elemento divino e che, da quel momento, ha iniziato ad essere considerata come una "disciplina accademica". Nel primo millennio a.C., la pratica musicale è stata divisa in due campi professionali, "musicus" e "cantor", con lo scopo di separare gli aspetti emozionali della musica da quelli intellettuali che potevano essere spiegati matematicamente. Questa divisione ha portato alla convinzione che la musica fosse in realtà un sistema matematico, alimentando l'idea che potesse essere utilizzata per migliorare la comprensione della Matematica, il rendimento accademico e l'intelligenza in generale (Kelstrom, 1998).
L'elaborazione dei compiti di matematica costituisce una parte fondamentale dell'insegnamento tradizionale, sia per gli studenti che per gli insegnanti.
Un interessante approccio utilizzato per promuovere l'attivazione degli alunni e incoraggiarli all'indipendenza nella risoluzione di compiti è il "think-pair-share" (pensa-coppia-condividi), in cui inizialmente gli studenti riflettono individualmente esaminando i compiti senza l'influenza del pensiero degli altri, per poi condividere le loro idee confrontandosi con un compagno di apprendimento e infine presentare le loro scoperte all'intera classe attraverso, ad esempio, presentazioni e discussioni plenarie (Mall et al., 2016).

Questa idea di co-costruzione fa riferimento alla creazione di conoscenza condivisa attraverso l'interazione sociale, enfatizzando l'importanza dello scambio di idee e del dialogo nell'apprendimento (Brandt & Höck, 2011).
A differenza dell'apprendimento matematico, l'apprendimento musicale spesso inizia con attività di gruppo, facilitato dall'interazione attraverso pratiche come il "botta e risposta" (Spychiger, 2015a, p. 57), che coinvolgono azioni individuali all'interno di un contesto di azioni comuni, come il singolo che canta come parte di un coro. Inoltre, l'imitazione svolge un ruolo significativo nei processi di apprendimento musicale, specialmente nell'insegnamento e nell'apprendimento di strumenti musicali. Abbiamo già osservato questo aspetto con il metodo MusicArte, all'interno del quale è attribuita un'importanza fondamentale proprio ai lavori di decalcatura e copiatura degli spartiti.
Tanto nell'apprendimento matematico quanto in quello musicale, i processi di insegnamento e apprendimento oscillano, dunque, tra esperienze individuali e di gruppo, sviluppate all'interno del progetto EMP in relazione all'approccio di John Dewey, che mette al centro non tanto l'apprendimento del sapere quanto invece l'esperienza, pensata come "evento interattivo comprensivo, che include componenti non solo cognitive ma anche affettive, emozionali ed estetiche (Neubert, 2008). La preparazione dei partecipanti, in modo che possano sperimentare la matematica e la musica, si basa sulla creazione di situazioni specifiche che includono riflessioni e discussioni di gruppo, con lo scopo di modificare l'immagine implicita che spesso abbiamo della matematica e della musica, trasformando queste percezioni attraverso le esperienze vissute.
In questi processi, i materiali ludici assumono un'importanza fondamentale come mediatori, in quanto fungono da strumenti per stimolare l'immaginazione e rendere espliciti i processi di pensiero (cfr. Hülswitt, 2003) e rappresentano in modo tangibile le strutture degli oggetti matematici (come i numeri) o musicali (come gli strumenti). Un gruppo di oggetti può essere convertito in una rappresentazione numerica, l'organizzazione delle posate sulla tavola

può essere interpretata sulla base delle relazioni funzionali, una pentola o una tazza possono essere utilizzate come strumenti musicali.
L'interazione tra gli studenti e il materiale diventa il punto focale, ed è rafforzata dal ruolo dello spazio con cui la persona interagisce e fa esperienza di sé attraverso il proprio corpo: i movimenti possono configurarsi come mezzi di produzione musicale (es. applaudire) e possono essere interpretati matematicamente (es. sequenze).
Un'interessante attività che propone l'EMP, "Battere le mani sul minimo comune multiplo di 2, 3 e 5", riguarda il consolidamento delle moltiplicazioni e del concetto di minimo comune multiplo attraverso un lavoro sugli schemi ritmici, con l'attenzione rivolta al gruppo e all'embodiment.
L'attività inizia con la percussione corporea sul numero 2: contando sino a 30 i bambini battono le mani in coincidenza dei multipli di 2 (2, 4, 6, 8, etc.) mantenendo una scansione temporale regolare. Segue lo stesso procedimento con la percussione del numero 3. I bambini, divisi in due gruppi che eseguono uno la prima e l'altro la seconda percussione su una base ritmica comune, batteranno le mani contemporaneamente nel momento in cui incontreranno il primo minimo comune multiplo tra 2 e 3 e i successivi multipli comuni. Si può introdurre una terza percussione, quella del numero 5, e ripetere l'esercizio per trovare il minimo comune multiplo tra 2 e 5 (10), tra 3 e 5 (15) e tra 2, 3 e 5 (30).
L'esecuzione di uno schema ritmico regolare, contando da 1 a 30, è connessa ad aspetti quali precisione matematica, sequenzialità numerica e sincronismo temporale.
La suddivisione della classe in tre gruppi, ognuno dei quali esegue schemi ritmici differenti e contemporaneamente ascolta i suoni prodotti dal corpo, è associata alla simultaneità e alle interazioni tra i numeri, che possono essere multipli o divisori.

4

Nell'Interludio Matematico: Esperienze Didattiche sulla Connessione tra Numeri e Musica nella Scuola Primaria

Arricchendo quanto argomentato nel Capitolo 3, concludo con una sezione dedicata a personali esperienze legate all'interazione tra matematica e musica nel contesto di insegnamento nella scuola primaria.

1. Da studentessa…

Potrei partire da un breve excursus sulla mia esperienza come studentessa durante gli anni della scuola primaria, avendo avuto la fortuna di essere accompagnata nel mio percorso di crescita da una Maestra meravigliosa che mi ha fornito un bellissimo esempio come insegnante e come persona. Nonostante non abbia mai proposto, da quanto ricordo, dei collegamenti in merito alle due discipline in questione, non essendo docente di Matematica e non avendo affrontato nello specifico l'insegnamento del linguaggio musicale, ritengo importante e fondamentale per il mio percorso di formazione il suo approccio alla didattica. Il ricordo più grande che ho, infatti, riguarda la serenità con cui venivano affrontati gli argomenti, il tempo che sembrava bastare per tutto, senza che venissero poste in secondo piano discipline quali Arte, Musica, Educazione Motoria. Ad ogni disciplina veniva dedicato il suo spazio senza che nessuna di queste sembrasse prevalere sulle altre o avere minor importanza di un'altra, e in tutte si riusciva a concludere il programma, talvolta andando oltre quanto previsto, proponendo approfondimenti, ricerche, progetti e laboratori. Ogni apprendimento veniva vissuto dagli studenti con curiosità e interesse, grazie alla passione con cui veniva proposto. E, altro aspetto importante, ogni bambino aveva il suo spazio e aveva la possibilità di esprimersi, mettersi in gioco, scoprire e valorizzare le sue potenzialità e propensioni all'interno dei diversi ambiti disciplinari. Inoltre, la sinergica collaborazione tra docenti rafforzava ulteriormente ognuno di questi aspetti, per cui le diverse discipline non apparivano isolate all'interno delle competenze dell'una o dell'altro ma era frequente l'organizzazione di laboratori e progetti in cui erano coinvolti attivamente entrambi. È stata, inoltre, una bella sorpresa incontrare all'Università uno dei miei Maestri, che insegnava nella mia classe della scuola primaria Matematica e Scienze, come Docente nell'interessante Laboratorio di Educazione alla Lettura.

Nonostante, come detto, non mi sia capitato, in ambito scolastico, di affrontare nello specifico le connessioni tra Matematica e Musica, ricordo quanto mi abbia avvantaggiata nell'apprendere, per fare un esempio, l'argomento delle frazioni, aver studiato Pianoforte dall'età di sette anni alla Scuola Civica di Musica. Conoscevo da quell'età il linguaggio musicale, avevo già avuto a che fare con i valori delle note e i tempi che regolano un brano musicale e, grazie alla musica, avevo già interiorizzato il significato stesso di frazione, e non mi è stato affatto difficile studiarlo in Matematica. Questo è un semplice esempio per far capire quanto si possano aprire gli orizzonti della Musica e rappresenta una delle motivazioni che mi hanno portata a riflettere sull'argomento e a scegliere di approfondirlo.

Mi chiedo perché, se nelle scuole di musica i bambini possono apprendere il linguaggio musicale già in età precoce, a scuola, invece, tale aspetto sia considerato spesso troppo complesso.

2. Da tirocinante…

Negli anni successivi e in diverse occasioni ho iniziato a osservare approcci molto diversi, non solo nei successivi ordini di scuola ma anche all'interno della scuola primaria stessa. In particolar modo, durante il tirocinio diretto, nonostante la bellissima esperienza con le tutor d'aula che mantenevano un approccio molto simile a quello di cui ho parlato, mi sono resa conto di quanto si stia tendendo sempre di più a una scissione tra le aree disciplinari e a una svalutazione delle discipline artistiche e musicali. Già osservando i libri di testo pensati per la scuola primaria, spesso si trovano poche pagine dedicate, ad esempio, alla Musica, che viene affrontata in modo talvolta superficiale concentrandosi soprattutto su canzoni o introducendo in modo molto sintetico i nomi delle note, i loro valori e le pause corrispondenti.

Ricordo un libro dedicato ad Arte e Musica: da un lato, si potrebbe pensare a un'unione positiva delle due discipline, come avviene in MusicArte (Pasini, 2021), di cui si è parlato nel Terzo Capitolo. In realtà, l'intero volume era dedicato alle attività artistiche, alle spiegazioni relative alle tecniche di disegno, ad artisti vari. Le sole e ultime tre pagine erano dedicate, invece, a una spiegazione molto sintetica del linguaggio musicale.

È vero che, attualmente, per insegnare è necessario conseguire la Laurea in Scienze della Formazione Primaria, ed è vero che all'interno del percorso si ha l'opportunità e l'obbligo di sostenere l'esame di Fondamenti e Didattica della Musica, per cui anche i docenti che non hanno mai studiato la disciplina necessariamente apprendono le conoscenze fondamentali per l'insegnamento della stessa, comprese le conoscenze in merito al linguaggio musicale. È pur vero, però, che molti docenti non hanno seguito questo percorso e, dunque, non necessariamente hanno avuto l'opportunità di conseguire una preparazione di questo tipo. Da questo punto di vista, ritengo che sia realmente importante fornire a tutti i docenti una guida sulla base della quale poter approfondire le lezioni di Musica. Se i testi scolastici dedicano a questo insegnamento poche pagine, come nel caso citato, non è facile per un docente che non ha mai studiato

musica impostare le lezioni in modo da favorire un processo di insegnamento-apprendimento della disciplina che possa andare oltre quanto scritto.
È pur vero, al contempo, che esistono autori che si sono occupati dell'argomento, come già affrontato nel Terzo Capitolo. Uno dei libri di Pasini (2021) è dedicato a insegnanti, genitori e studenti e rappresenta proprio una "Guida", adatta anche a chi si approccia al linguaggio musicale per la prima volta.
Nella scuola primaria in cui ho seguito il tirocinio, un'altra criticità che ho potuto notare riguarda il fatto che l'insegnamento di Musica è stato assegnato a diverse docenti nei diversi anni, con la conseguente mancanza di continuità. Quando ho proposto la mia UDA nella classe quinta della scuola primaria, con la grande collaborazione delle docenti di Musica e Matematica, ho potuto riprendere aspetti di base legati al linguaggio musicale, che i bambini non avevano avuto modo di approfondire, concentrandomi sulle relazioni tra questo e la Matematica, mantenendo come punto di riferimento principale il metodo MusicArte (Pasini, 2021). Poiché, come accennato, le docenti hanno sempre cercato di lavorare in sinergia creando collegamenti tra le diverse discipline, quali ad esempio Italiano e Matematica, Arte e Geometria, Scienze e Storia o Geografia, è stato possibile realizzare un progetto che ha coinvolto attivamente anche le docenti di Matematica e Musica. Questo ha permesso di ampliarlo con diversi punti di vista, valorizzando ogni aspetto in modo che assumesse realmente agli occhi dei bambini una funzione di collegamento tra le discipline, aumentando il loro interesse e la loro motivazione. Come scritto nel Quinto Capitolo, al quale rimando per gli aspetti relativi alla progettazione e all'esecuzione dell'UDA, il progetto è iniziato con un ripasso sulle frazioni già affrontato recentemente con la docente di Matematica. Le successive attività hanno dunque posto la disciplina matematica a servizio della Musica con lo scopo di indagare e scoprire le loro connessioni, attraverso un lavoro di riflessione autonoma e guidata, osservazione e decalcatura di spartiti, confronto con il gruppo e con la classe, esercizi di lettura ritmica e via dicendo. Durante il progetto si è verificata una continua

inversione di ruoli tra le discipline, presentando l'occasione per approfondire argomenti o concetti dell'una o dell'altra. Per citare un esempio, se le frazioni sono servite a comprendere le relazioni tra i valori delle note e le loro combinazioni possibili per creare battute di una stessa durata, la scoperta del pentagramma è servita per chiarire dubbi in merito ai concetti espressi dai termini "parallelo" ed "equidistante" che i bambini non avevano interiorizzato nonostante avessero già lavorato numerose volte su questi in ambito matematico e non erano emerse precedentemente particolari difficoltà legate alla comprensione degli stessi.
Poiché dell'UDA, come già ribadito, parlo in modo approfondito nel Quinto Capitolo, rimando a quest'ultimo senza ulteriori spiegazioni in merito, in quanto risulterebbero inutilmente ripetitive.

3. Da insegnante…

Vorrei parlare, invece, dell'esperienza lavorativa come docente su posto di Sostegno in una Classe Prima della scuola primaria, che mi ha permesso di lavorare in sinergia con la collega di Musica, assieme alla quale ho potuto proporre un progetto che rientra pienamente negli obiettivi di questo lavoro, in quanto orientato non solo all'interdisciplinarità ma anche e soprattutto all'inclusione, ponendo al centro la valorizzazione delle potenzialità nascoste dei bambini e delle loro diverse abilità, intelligenze e propensioni, valorizzate in merito alla diversità e unicità di ciascuno e favorendo la partecipazione e la motivazione di tutti gli alunni.
La prima fase del progetto ha riguardato un lavoro sul ritmo, sulla base del Metodo Suoni e Silenzi (Iannuzzi, 2021): i bambini si sono seduti in cerchio nello spazio libero davanti alla LIM, sulla quale è stata aperta l'applicazione "Il Pallinatore".

Con il supporto di questa, sono stati coinvolti attivamente nel racconto della "Storia dei Pallini" (Iannuzzi, 2021), durante il quale hanno iniziato a cimentarsi nella lettura ritmica utilizzando la voce. Durante e dopo la narrazione, la difficoltà degli esercizi ha iniziato gradualmente ad aumentare con il crescere della velocità, con frequenti variazioni della stessa, e con l'introduzione della body percussion: prima inserendo il battito delle mani, poi quello dei piedi, delle cosce, del petto e del "sedere", suscitando reazioni divertite dei bambini e maggior interesse per l'attività, e cambiando spesso dall'una all'altra parte del corpo in collegamento con l'argomento di scienze che stavano studiando. Variando a scopo ludico la velocità, e dunque la frequenza metronomica che scandisce il tempo (ogni battito del metronomo corrisponde a un PA), i bambini hanno compreso che la relazione tra un valore e l'altro è sempre la stessa (un PA dura sempre quanto due TI), ma la durata di ogni PA si può scegliere e cambiare.

La sorpresa successiva è stata l'introduzione di strumenti musicali a percussione, quali ad esempio tamburo, sonagli e nacchere, accolti con grande entusiasmo dai bambini, che a turno hanno iniziato a creare le sequenze ritmiche sul Pallinatore da eseguire singolarmente e successivamente assieme ai compagni, scegliendo anche lo strumento di lettura tra "voce", "corpo" (indicando anche la parte specifica), oppure "strumento musicale" (ognuno aveva il suo). Inizialmente la voce ha accompagnato ogni attività, per poi essere sostituita da corpo e strumenti una volta acquisita familiarità con l'esercizio.

I bambini sono stati invitati a riflettere sulle relazioni tra le figure rimiche, notando lo spazio che queste potevano occupare all'interno della casa di quattro stanze (che metaforicamente rappresenta la battuta di 4/4). Sono stati loro stessi a individuare il concetto di "metà" secondo il quale, ad esempio, un pallino PA è la metà di un PO-O e il doppio di un TI.

Quindi un PO-O occupa due stanze, ovvero lo spazio di due PA, mentre due TI-TI stanno insieme in una stanza perché ne servono due per formare un PA.

Alla creazione libera di battute, si alternava la creazione guidata sulla base della quale i bambini dovevano aggiungere, ad esempio, un PA "prima" di un PO-O, oppure un TI-TI "dopo" un PA.

Successivamente, si sono introdotti anche i termini "sinistra" e "destra", e i termini "precedente" e "successivo".
In questo modo, i bambini hanno lavorato contestualmente anche su concetti che stavano apprendendo in quel periodo in merito agli insegnamenti non solo di matematica, ma anche di geografia e storia, che non rimanevano così isolati all'interno di quello specifico ambito disciplinare.
Si tratta, naturalmente, di varianti dell'attività proposte non in un'unica soluzione ma in più lezioni, mantenendo un aspetto ludico e interessante per i bambini.
Per questo si è scelto, inoltre, di mantenere il tempo di sette minuti previsto per la versione gratuita del Pallinatore, superato solo il primo giorno quando per narrare la storia e iniziare a familiarizzare con la lettura ritmica si è reso necessario un tempo più disteso.
Ogni successiva attività è stata pensata per essere svolta in sette minuti, in modo da allenare anche la consapevolezza dello scorrere del tempo e della durata corrispondente.
Questo aspetto ha influito anche sulla concentrazione dei bambini, che sapevano quanto avrebbero potuto fare dal momento in cui veniva avviata l'applicazione.
Uno degli esercizi proposti con l'introduzione degli strumenti musicali ha permesso di lavorare sull'abilità di classificazione e seriazione.
I bambini, con la guida dell'insegnante, hanno lavorato insieme per raggruppare gli strumenti sulla base di diversi criteri, prima in relazione al colore, poi in relazione alle dimensioni, alla forma, al materiale e al modo in cui venivano suonati: ad esempio, tamburo, nacchere e bastoncini insieme perché si "battono"; raganella da sola perché è l'unica che "si strofina"; diversi tipi di sonagli e maracas insieme perché si "scuotono" (termine suggerito dall'insegnante in sostituzione di "si muovono").
Per lavorare in modo più agevole alla costruzione di sequenze, sono state costruite con i bambini il cartellone de La Casa dei Pallini e le carte con le diverse figure ritmiche da attaccare con il feltro adesivo.

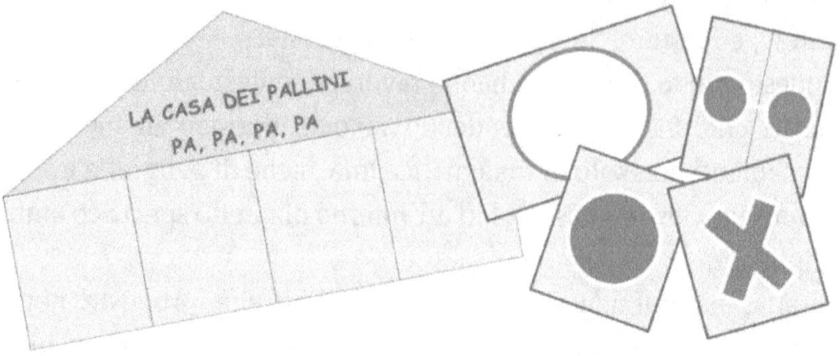

Quando, in un momento successivo, si è affrontato in Italiano lo studio della divisione in sillabe, è stata ripresa l'attività con il Pallinatore, pensando ogni sillaba come un PA e accompagnando ogni battito con un salto, immaginando di essere delle ranocchie che si spostano sulle foglie di uno stagno a ritmo di musica.
Con la base musicale e il tempo scandito dal metronomo del Pallinatore, i bambini si sono esercitati a dividere in sillabe le parole suggerite dall'insegnate scegliendo se battere le mani, saltare o combinare insieme i due movimenti.
Inoltre, sono stati invitati a contare il numero delle sillabe, dividendo le parole in gruppi sulla base di questo criterio.
Per il conteggio, mentre un bambino pronunciava la parola lentamente saltando su ogni sillaba, gli altri bambini battevano le mani pronunciando i numeri corrispondenti.

Contestualmente alle attività sulla Casa dei Pallini, le lezioni di Musica si sono concentrate principalmente sul ritmo, sul riconoscimento di schemi, sull'esecuzione di movimenti in successione o simultanei.
In particolar modo si è lavorato con le canzoni “Borboletinha” e “Penguin Dance” (su ispirazione di alcuni video osservati online, link in sitografia), con l'ausilio di schemi visivi realizzati con il nastro adesivo sul pavimento.

Per “Borboletinha” è stata predisposta la seguente griglia 4x4:

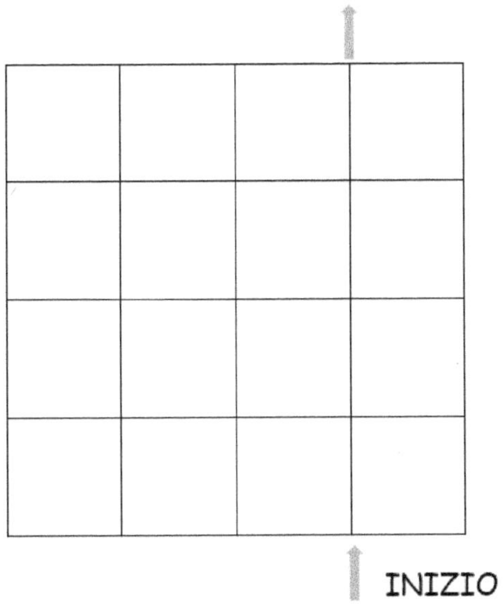

Seguendo la melodia della canzone e la scansione ritmica suonata dall’insegnante con un tamburo, i bambini si sono disposti in fila indiana per entrare uno dopo l’altro nella griglia e muoversi secondo le indicazioni fornite dall’insegnante, che ha mostrato per prima l’esercizio aprendo la fila.
I salti dovevano essere eseguiti in modo da avere sempre un piede in un quadrato e l’altro piede nel quadrato adiacente.
Al primo salto in avanti (per entrare nella griglia posizionandosi sui primi due quadrati sulla destra), seguivano due salti a sinistra, due a destra e uno avanti; e di nuovo due a sinistra, due a destra e uno avanti; continuando così finché non si usciva dalla griglia e si ritornava in coda alla fila per ripetere l’esercizio.
Ogni bambino doveva saltare in avanti per entrare nella griglia nello stesso momento in cui il compagno precedente stava saltando in avanti per entrare nella seconda fila della griglia.
Prendendo familiarità con l’esercizio hanno iniziato a muoversi in modo sempre più fluido, scegliendo di mettere le braccia dietro la schiena o di muoverle a tempo, di battere le mani durante i salti, di

muovere la testa o di cantare la canzone, entrando in sintonia non solo con la melodia e con lo schema ritmico ma anche tra loro, coordinandosi in modo da non sovrapporsi o scontrarsi.
Questo è stato l'aspetto più complesso e che ha richiesto più tempo.

Per "Penguin Dance", è stato predisposto questo schema:

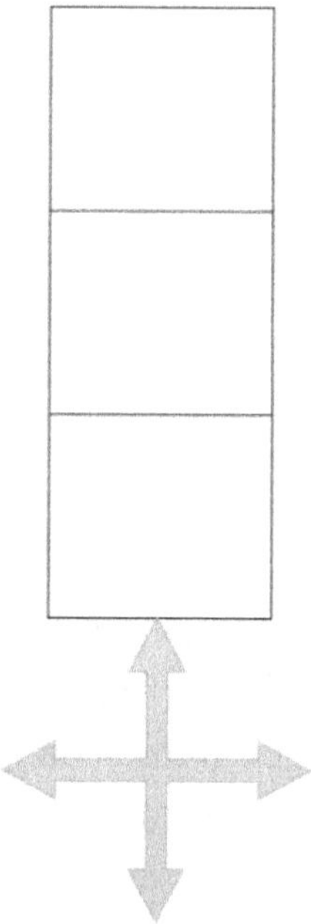

Anche in questo caso, i bambini si dispongono in fila e attendono il proprio turno.
Partendo dal punto di intersezione delle frecce ("al centro"), si inizia muovendo il piede sinistro lungo la freccia n°1 per due volte.
Seguono due movimenti analoghi del piede destro lungo la freccia n°2, un piccolo salto indietro sulla freccia n°3, una brevissima pausa, un piccolo salto avanti sulla freccia n° 4, una brevissima pausa, tre salti avanti consecutivi sui quadrati 1, 2 e 3, una brevissima pausa.

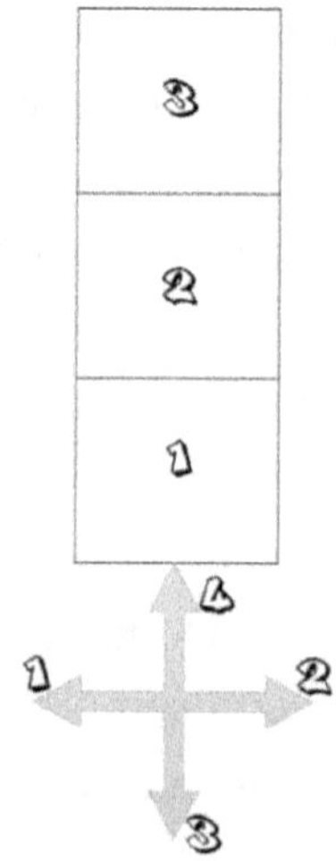

Quando un bambino inizia a saltare sui quadrati, l'altro si prepara al punto di partenza in modo da poter iniziare il proprio giro subito dopo il terzo salto del compagno, in quanto la musica si ripete ciclicamente con lo stesso schema ritmico, ben identificabile e dal carattere particolarmente allegro e piacevole per i bambini.

Le indicazioni verbali consistono in:

- Sinistra, Sinistra (corrisponde a TI-TI, TI-TI);
- Destra, Destra (corrisponde a TI-TI, TI-TI);
- Indietro (corrisponde a PA);
- Avanti (corrisponde a PA);
- Un, Due, Tre (corrisponde a TI-TI, PA).

Dopo essersi esercitati sullo schema, avendo familiarizzato con la sequenza e riuscendo a riprodurla fluidamente in modo abbastanza automatico, i bambini si sono disposti uno dietro l'altro, poggiando le mani sulle spalle del compagno davanti, e hanno ballato a ritmo coordinandosi, osservandosi e imitandosi a vicenda, muovendosi lungo il perimetro dell'aula. Sapevano già che una volta imparati i passi sullo schema avrebbero "fatto il trenino" e si sono impegnati con entusiasmo.

L'attività è stata proposta diverse volte, spesso su richiesta dei bambini stessi, che hanno potuto ballare anche nello spazio esterno all'aula, disponendosi nello stesso ordine ricordando chi avevano davanti e chi dietro.

In entrambe le attività uno degli aspetti importanti, indipendentemente dall'esercizio sul riconoscimento degli schemi ritmici, ha a che fare con il rispetto della fila e l'attesa del proprio turno.

Si è dunque passati alla scoperta del linguaggio musicale, introdotto con il video di una canzone intitolata "Le sette note colorate", presentata in occasione della Giornata Mondiale sulla Consapevolezza dell'Autismo da Emanuele Aprile (2023) assieme a un discorso introduttivo in cui spiega che "siamo tutti parte di un *coro musicale* dove ognuno suona il suo strumento e fa sentire la sua voce. L'arte universale della MUSICA ci regala la meraviglia di una *MAGIA che mette insieme MILLE DIVERSITÀ, TANTI COLORI, UNA SOLA ARMONIA*" (Aprile, 2023).

Le note sono state presentate ai bambini in questo modo:

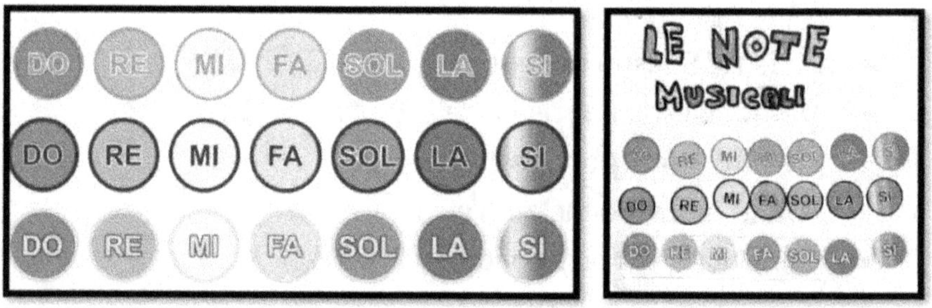

https://sites.google.com/view/maestrabianca?usp=sharing

Il DO con il contorno nero corrisponde al DO centrale, le note con il contorno verde sono quelle che precedono, le note con il contorno arancione sono quelle che seguono.
La sequenza di colori (rosso, arancione, giallo, verde, blu, viola, arcobaleno) rappresenta una meravigliosa chiave di lettura di un bambino che, sorprendentemente, ha interiorizzato in questo modo non solo le note musicali ma anche, per fare qualche esempio, i numeri, l'alfabeto e i giorni della settimana.
Scoprire le note in questo modo ha rappresentato un supporto per comprenderne il rapporto di sequenzialità, soprattutto in relazione alla tastiera che è stata presentata successivamente, aiutando a comprendere il significato della disposizione dei tasti, ognuno dei quali rappresenta una e una sola nota e su ognuno dei quali deve suonare uno e un solo dito.
Al crescere della sequenza sale anche il suono, al decrescere della sequenza scende anche il suono.
Queste attività si sono presentate come una bellissima occasione per coinvolgere anche gli altri bambini in questa speciale chiave di

lettura, che ha acquisito un valore ancora più grande rivelandosi come un importante supporto per tutti.
È stato, poi, presentato il pentagramma, come "il quaderno in cui si scrivono le note".

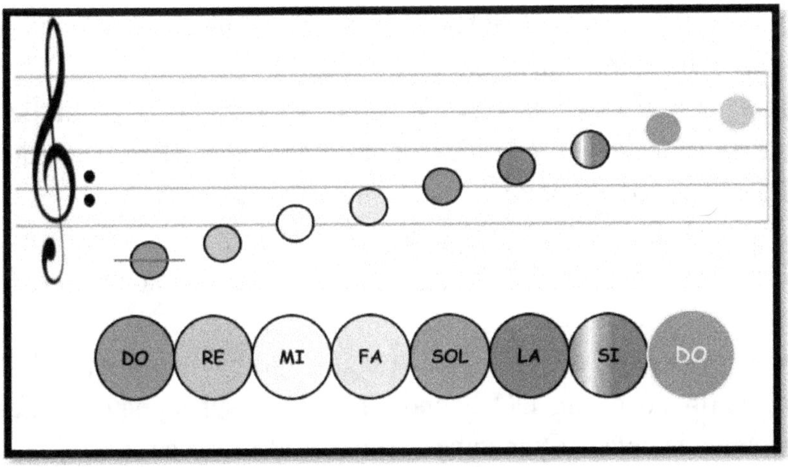

https://sites.google.com/view/maestrabianca?usp=sharing

Proiettando l'immagine sulla LIM, i bambini si sono avvicinati per poggiare le dita della loro mano in corrispondenza di ogni rigo del pentagramma, osservando che i righi sono 5 e che si creavano in questo modo 4 spazi tra un dito e l'altro e, dunque, tra un rigo e l'altro.
Hanno osservato che le note possono essere posizionate sopra i righi oppure dentro gli spazi, e che per andare avanti da un DO al successivo salgono sul pentagramma come se questo fosse una scala. Per tornare indietro, invece, scendono.
Si è, dunque, presentata ai bambini una tastiera, che è stata utilizzata per suonare la scala musicale accompagnandoli nell'intonazione delle note prima in ordine ascendente poi in ordine discendente, come già avevano fatto cantando la canzone "Le sette note colorate" (Aprile, 2023).
Per esercitarsi nella lettura delle note sul pentagramma i bambini sono stati invitati a colorare le note all'interno di alcuni spartiti semplificati.

Tutte le mattine era diventata un'abitudine aprire la giornata leggendo ai bambini, con la stanza buia, un libro illuminato da una torcia. Il giorno della successiva lezione di Musica, è stata proposta la lettura dell'albo illustrato "L'Orso e il Piano" (Litchfield, 2017).

Durante l'ora dedicata, i bambini hanno conosciuto da vicino la tastiera e il tappeto musicale a forma di pianoforte.
Hanno osservato la struttura a forma di rettangolo costituita da rettangoli bianchi e neri più piccoli, e hanno osservato che questi sono posizionati secondo una sequenza precisa che si ripete.
I tasti neri sono, infatti, raggruppati insieme prima in coppia poi in un gruppo di tre, poi di nuovo in coppia e nuovamente in un gruppo di tre.
Hanno scoperto che il DO si trova sempre prima della coppia di tasti neri: partendo da un DO hanno camminato sul tappeto musicale, intonando le note che suonavano, fingendo che fosse rialzato come il pentagramma e che i tasti bianchi fossero i gradini di una scala. Hanno scoperto, in questo modo, che il "gradino" in cui pronunciavano il DO successivo era di nuovo posizionato prima della coppia di tasti neri, e hanno camminato contando ogni tasto da un DO al successivo, scoprendo che il gruppo di tasti che si ripeteva era sempre questo:

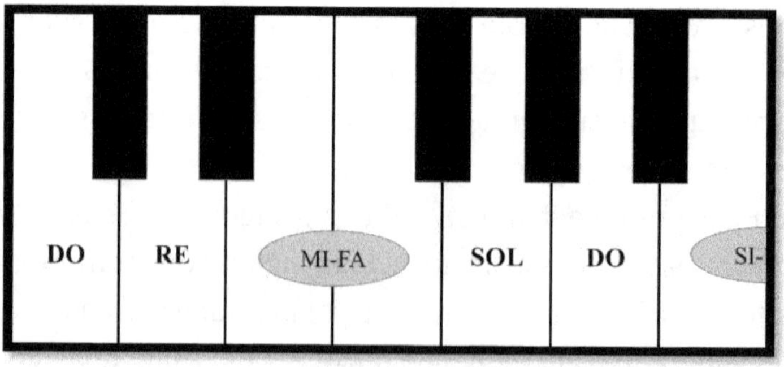

I sette tasti bianchi corrispondono alle sette note colorate conosciute, salendo si va avanti, scendendo si torna indietro. Si sono esercitati a camminare avanti e indietro da un DO al successivo e di nuovo a quello di partenza, intonando sulla base del suono le note oppure i numeri o addirittura i nomi dei colori che associavano ad ogni nota:

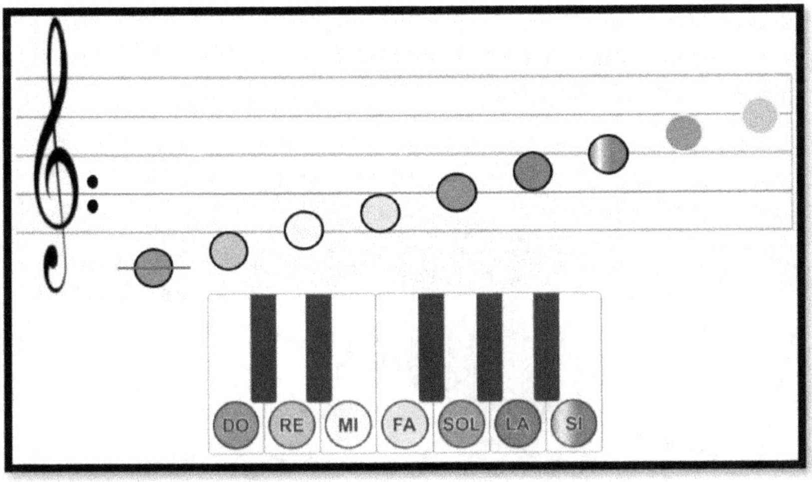

https://sites.google.com/view/maestrabianca?usp=sharing

Hanno capito così che il DO poteva essere un punto di riferimento e che una volta trovato questo potevano trovare anche le altre note. A turno, si sono esercitati a trovare le note suggerite dalla docente, individuando facilmente il DO, il RE (subito dopo il DO) e il SI (subito prima del DO). Si sono, poi, accorti, che c'era anche un'altra nota facile da trovare, perché anche il gruppo di tre tasti neri si poteva vedere facilmente, e la nota prima di questo gruppo è il FA. Così, hanno iniziato ad individuare facilmente anche il MI (come nota che si trova prima del FA) e il SOL (come nota che si trova dopo il FA). Sono seguiti alcuni esercizi di consolidamento sul tappeto per individuare il tasto corrispondente alla nota suggerita dall'insegnante, o riconoscere la nota suonata da quest'ultima. Variando l'esercizio, i bambini sono stati invitati a riconoscere quale fosse, ad esempio, la terza nota dopo il DO.
E, successivamente, si è scelto di chiamare il DO come "Numero 1", il RE come "Numero 2", e via dicendo. La docente diceva il numero e i bambini suonavano il tasto pronunciando la nota corrispondente.

Dopo aver fatto svolgere gli esercizi a tutti i bambini per due o tre volte, aumentando la difficoltà l'insegnante ha iniziato a indicare gruppi di tre o quattro note da suonare in sequenza (es. DO-MI-SOL). Anche in questo caso, si tratta di attività che i bambini hanno svolto in più lezioni, alternate a giochi digitali sulla LIM, strutturati appositamente dalla docente, sulla lettura delle note sul pentagramma e sul riconoscimento del tasto corrispondente sul pianoforte.

https://sites.google.com/view/maestrabianca?usp=sharing

Dopo i giochi e gli esercizi sul tappeto e sulla tastiera con le istruzioni dell'insegnante, i bambini sono stati avviati alla lettura delle note utilizzando delle pedine (create con dei tappi di bottiglia su cui sono stati attaccati i bollini delle note). La docente predisponeva una sequenza con le pedine e i bambini provavano a suonarla sulla tastiera, sulla quale in un primo momento sono stati riportati i bollini.

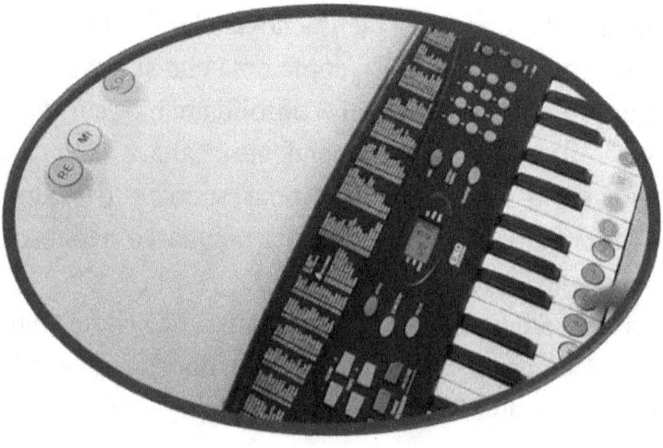

Iniziando da sequenze semplici di tre note, si è arrivati a "Baby Shark".
Si è dunque proposto ai bambini, proiettato in grande sulla LIM, lo spartito semplificato di "Baby Shark". Alcuni di loro hanno scelto di suonare sul tappeto musicale, altri sulla tastiera.
Come compito per casa hanno ricevuto lo spartito con le note bianche da colorare correttamente e da "suonare" sulla tastiera muta sulla quale avevano precedentemente attaccato i bollini colorati.

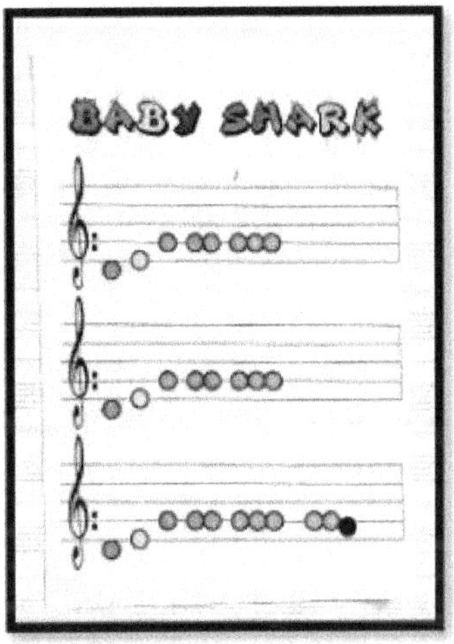

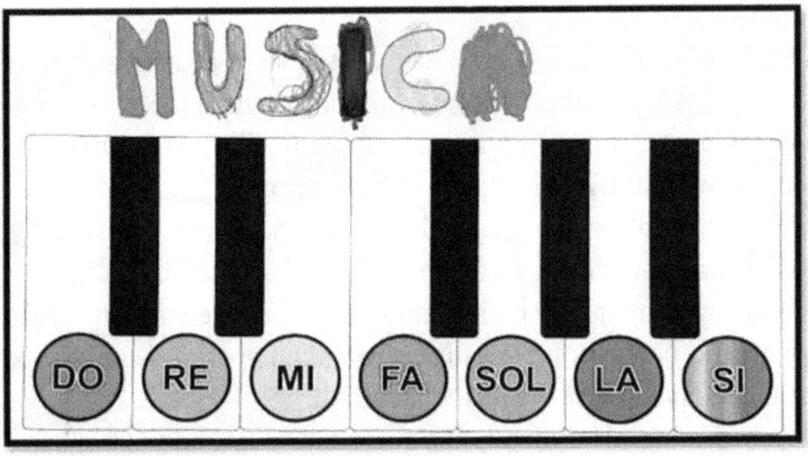

https://sites.google.com/view/maestrabianca?usp=sharing

Segue, in occasione di un compleanno, la preparazione di “una sorpresa musicale” sulle note di “Tanti auguri a te” che i bambini hanno imparato a suonare su tappeto musicale e tastiera, esercitandosi a casa sulla tastiera muta e con lo spartito semplificato che hanno colorato.

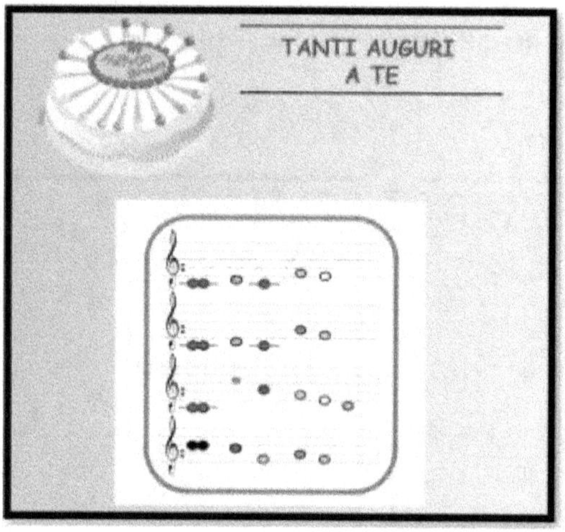

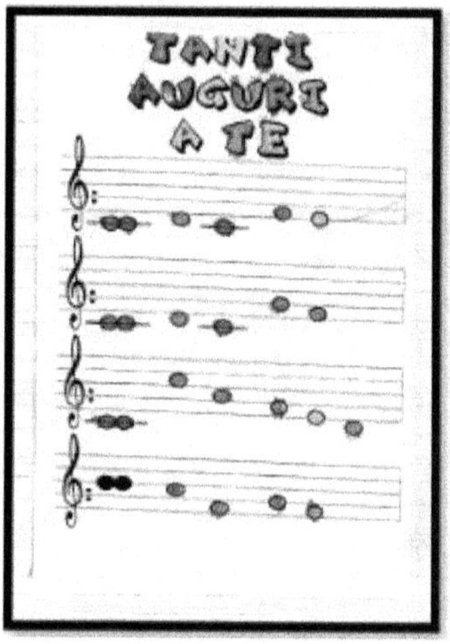

https://sites.google.com/view/maestrabianca?usp=sharing

Avendo proposto le ultime fasi del progetto nel mese di maggio, si è deciso di proporre le successive durante l’anno seguente, affrontando un lavoro più approfondito sulla notazione formale che richiede più tempo.

Tuttavia, nel momento in cui è stato presentato il pentagramma, sono stati già mostrati ai bambini degli spartiti originali, per procedere in modo graduale ma, al contempo, avviarli alla conoscenza e alla consapevolezza del linguaggio musicale formale.

Sono state proposte, dunque, nelle lezioni successive, diverse attività di consolidamento dal carattere prevalentemente ludico.

Si è lavorato molto sul ritmo, attraverso body percussion, danze e strumenti a percussione, e sulla lettura degli spartiti semplificati su tastiera, tappeto musicale e giochi digitali.

Si è presentato lo xilofono, che i bambini avevano già conosciuto all’inizio dell’anno, prima dell’inizio del progetto, per la ripetizione

di sequenze musicali, e si è iniziata a proporre un'attività di scrittura su pentagramma utilizzando sempre i pallini colorati.
Una delle principali motivazioni che hanno ispirato la realizzazione del progetto riguarda l'interesse, la passione e la propensione che un bambino (di cui si è accennato in relazione ai colori scelti per le note) ha manifestato sin da fine ottobre (quando ho iniziato la mia supplenza) non solo per la musica ma anche per la matematica, mostrandosi particolarmente affascinato da un pianoforte della scuola non funzionante.
Una delle prime e più importanti osservazioni su cui considero importante riflettere riguarda un aspetto fondamentale che lega i numeri alle note e alla tastiera del pianoforte: tutti si caratterizzano per il fatto che seguono uno schema.
Lo abbiamo visto anche nel Terzo Capitolo in riferimento all'EMP-Maths (Mall et al., 2016), che pone un'enorme attenzione proprio sul riconoscimento di schemi e sulla loro manipolazione, su cui si concentrano maggiormente le attività che propone e su cui il bambino ha mostrato sin da subito un'abilità sorprendente, con tutte le potenzialità nascoste connesse ad essa.
Questa abilità è stata definita nel Terzo Capitolo come fondamentale, in quanto associata alla consapevolezza di meccanismi e strutture di connessione, la quale richiede un processo attentivo ritmicamente organizzato.
(Auhagen, 2008)
Attività di educazione musicale ed esercizi sul ritmo sono stati proposti, anche prima di organizzare il progetto di Musica, per lavorare su diversi aspetti, non necessariamente legati agli apprendimenti didattici.
Ad esempio, sono stati utilizzati per abituare i bambini a regolare la velocità della camminata, lenta come una marcia negli spostamenti all'interno della scuola, veloce come una corsa durante il momento di gioco in giardino.
Si tratta di attività proposte sempre con una scansione temporale regolare stabilita dalla docente con un tamburo o due bastoncini, analogamente a quella del metronomo.

Si è potuto lavorare, in questo modo, anche sulla coordinazione motoria generale, sull'attenzione e la visione focalizzata e periferica.
Altra attività di educazione musicale proposta all'inizio dell'anno scolastico, è stata un esercizio di ascolto sulle note de "Sul bel Danubio blu" di Johann Strauss: i bambini si sono disposti al centro dell'aula, sdraiati sul pavimento oppure seduti sulle sedie fingendo di dormire. Lentamente, ascoltando la musica, hanno finto di svegliarsi, stropicciarsi gli occhi, stiracchiarsi, e alzarsi per poi muoversi liberamente nello spazio a disposizione, ballando singolarmente e poi insieme dopo essersi "incontrati" attraverso uno scambio di sguardi e dunque, ad esempio, presi a braccetto o per mano.
Prestando attenzione alla musica dovevano adeguare i movimenti tornando a dormire, risvegliandosi e ballando con meno energia e movimenti più lenti oppure con maggiore energia e movimenti più veloci.
Si è parlato nel secondo capitolo delle intelligenze multiple e di quanto sarebbe importante strutturare la didattica in modo da permettere la valorizzazione di ogni bambino, delle sue intelligenze e propensioni. Se è vero che non esiste un'unica intelligenza è vero anche che una didattica basata principalmente su quella linguistica e su quella matematica non può essere facilmente considerata realmente e pienamente inclusiva, in quanto non supporta lo sviluppo delle diversità e unicità di ogni bambino, che invece dovrebbe stimolare e aiutare ad emergere.
Il progetto proposto nelle ore di Musica ha permesso di valorizzare le potenzialità e gli stili di apprendimento di tutti i bambini della classe, che si sono aiutati e stimolati a vicenda, riconoscendo le abilità dei compagni e le proprie.
Ognuno aveva qualcosa da dare al gruppo e insieme hanno potuto rafforzarsi a vicenda.
È stato importante per noi docenti, che abbiamo potuto osservare i bambini da un punto di vista differente scoprendo aspetti che diversamente rimanevano nascosti e si sono rivelati di grande importanza nell'organizzazione delle attività previste anche per le altre discipline.

Come si è già accennato, per la divisione in sillabe si è, ad esempio, utilizzato come supporto il Pallinatore.
Questa scelta è stata ispirata da una bambina che aveva mostrato una particolare propensione per il riconoscimento dello schema ritmico nelle danze e soprattutto negli esercizi di lettura ritmica con la casa dei pallini, che svolgeva con entusiasmo.
Allo stesso modo, un bambino dal carattere particolarmente introverso e, è importante dirlo, particolarmente abile negli apprendimenti relativi alla disciplina logico-matematica, si è interessato davvero molto alle attività del progetto, scoprendo di avere non solo una passione ma anche una grande propensione per il pianoforte, esercitandosi a casa anche quando non richiesto espressamente dalle docenti, leggendo gli spartiti sulla tastiera muta immaginando il suono e poi suonando sorprendentemente in classe, sviluppando un senso del ritmo molto buono soprattutto in connessione con la danza, e trovando nella musica un mezzo di espressione che lo ha aiutato ad avere il coraggio di esporsi sempre di più anche dal punto di vista emotivo ed affettivo.
L'entusiasmo dei bambini si è diviso tra chi aveva un interesse particolare per il pianoforte, chi per la lettura ritmica, chi per le danze e in generale per le attività in cui sono centrali corpo e movimento, chi per il canto e l'intonazione delle note.
Alcuni di loro preferivano alcune attività ed erano meno motivati in altre (ad esempio, attendevano con gioia di suonare il pianoforte ma non si trovavano a proprio agio negli esercizi di coordinazione motoria e viceversa), ma tutti attendevano con gioia la lezione e si impegnavano in ogni attività.
L'aspetto che considero più importante in relazione al progetto riguarda il fatto che ogni fase sia stata proposta su ispirazione di una richiesta dei bambini, non necessariamente diretta ma anche solo percepita dall'insegnante.
Non ho voluto strutturare queste attività con l'idea di riportarne gli sviluppi all'interno di questo Capitolo, ma l'intero progetto si è rivelato per me estremamente significativo ed è per questo che ho voluto inserirlo tra le esperienze che possono rappresentare nel modo

più rilevante non solo quanto trattato in queste pagine, ma anche quanto da me considerato realmente di primaria importanza per la mia formazione come insegnante.
Durante le fasi di progettazione ed esecuzione dell'attività, il mio unico pensiero erano i bambini e il modo in cui avrei potuto accompagnarli non solo negli apprendimenti ma anche nella loro crescita personale e di gruppo.
Ho voluto insistere molto sulle attività che prevedevano la collaborazione o anche semplicemente il rispetto dell'altro, cercando di fornire ad ognuno la possibilità di emergere e di scoprirsi e farsi scoprire dai suoi compagni, e penso che le soddisfazioni più grandi che siano seguite a questo progetto risiedano proprio in questi aspetti che considero fondamentali.

5

Un, Due… Re: Quando i Numeri Danzano con le Note

Di seguito, come accennato nel precedente Capitolo, riporto la progettazione di un'UDA pensata per la scuola dell'infanzia e di un'UDA progettata per la scuola primaria, entrambe proposte all'interno di un breve progetto svolto nel contesto del tirocinio formativo. In fase di progettazione ho utilizzato come punti di riferimento principali il Metodo "*Suoni e Silenzi*" di Libero Iannuzzi (nella scuola dell'infanzia), il Metodo "*MusicArte*" di Daniele Pasini (nella scuola primaria), la mia esperienza personale e alcuni testi di consultazione. Senza soffermarmi sui metodi citati, già approfonditi nel Terzo Capitolo, propongo una breve introduzione teorica per soffermarmi su alcuni aspetti più generici legati a queste UDA.

1. Matematica e Musica

‹‹L'apprendimento e l'insegnamento che uniscono discipline differenti spesso creano nuovi approcci per risolvere problemi e forniscono a tutte le persone coinvolte nuovi punti di vista sul materiale. Strade già note possono essere abbandonate, specialmente se correlate a emozioni negative, per intraprenderne di nuove e migliori›› (Mall et al., 2016).

La Matematica e la Musica sono, come abbiamo visto in ogni pagina di questo Libro, strettamente interconnesse e molte delle principali

teorie e pratiche musicali sono basate su principi matematici: la notazione musicale utilizza simboli come le frazioni per rappresentare la durata delle note; i ritmi si basano su specifiche sequenze matematiche e, ad esempio, possono essere divisi in suddivisioni binarie o ternarie; le frequenze dei suoni seguono una legge precisa, e sulle loro relazioni si basa l'armonia; inoltre, molti strumenti musicali utilizzano principi matematici nella loro costruzione e progettazione, come la lunghezza della corda di una chitarra, la forma di una tromba, o la disposizione dei tasti su un pianoforte.
Quest'ultimo, in particolare, è diventato uno dei più importanti e diffusi strumenti musicali, proprio grazie ai principi e alle proporzioni matematiche su cui si basa la disposizione degli 88 tasti rettangolari, organizzati in sequenze ripetitive e regolari di toni e semitoni in relazione alla scala musicale temperata di dodici note, ovvero di dodici parti uguali nelle quali è suddivisa l'ottava.
Grazie a queste caratteristiche il pianoforte si presta come uno degli strumenti più interessanti da usare nella didattica per insegnare Musica e per valorizzare al meglio le relazioni tra questa disciplina e la Matematica, in una prospettiva interdisciplinare.
Questo aspetto è stato approfondito all'interno del Terzo Capitolo, in relazione anche al Metodo *MusicArte* di Daniele Pasini, che attribuisce particolare importanza al rapporto di proporzioni esistente tra spartito e tastiera.

2. Frazioni e Musica

Una delle relazioni più evidenti che legano la Matematica alla Musica riguarda le frazioni. Il mio desiderio di approfondire questo aspetto nasce dal ricordo dell'importanza che ha ricoperto la mia conoscenza del linguaggio musicale nel momento in cui, all'età di 8 anni, ho dovuto affrontare lo studio delle frazioni alla scuola primaria in ambito matematico, non trovandolo complesso avendo già acquisito familiarità con la loro struttura e con il loro significato da un punto di vista interessante e piacevole nella Scuola Civica di Musica della

mia città, in cui l'anno precedente avevo iniziato a seguire lezioni di pianoforte.
Come accennato, le frazioni sono probabilmente una delle più evidenti relazioni tra le due discipline. Se si chiede a un bambino di osservare uno spartito musicale e di cercare gli elementi matematici che nasconde, quasi sicuramente la prima cosa che noterà sarà la frazione all'inizio della composizione.
Queste gestiscono la struttura generale dello spartito, che appare esso stesso un intero suddiviso in parti uguali proprio sulla base di un valore frazionario che deve essere rispettato all'interno di ogni battuta. Ognuna di queste rappresenta un contenitore temporale all'interno del quale le somme tra le frazioni, corrispondenti ai valori di durata delle note e delle pause, deve corrispondere al valore frazionario indicato all'inizio del brano. Sarebbe interessante, dunque, proporre ai bambini esercizi relativi all'ambito musicale, come somme di frazioni per la costruzione di battute, in modo da allenare al contempo le competenze matematiche da una prospettiva differente, motivante e piacevole, scoprendo le relazioni che intercorrono tra le due discipline e trasferendo le conoscenze dell'una all'altra in modo che non rimangano isolate all'interno di un unico ambito disciplinare.
Poiché, come detto, le frazioni sono un aspetto molto evidente delle connessioni tra Matematica e Musica, queste sono anche oggetto di molte idee didattiche e rientrano in metodi e sperimentazioni che riguardano proprio questo argomento. Sono numerose, ad esempio, le risorse online presenti all'interno dei blog di docenti che si addentrano nell'esplorazione di questo connubio. Ne è un esempio "*Mate in gioco*", in cui si parla delle note quali indicatori temporali con una propria durata ‹‹espressa attraverso una diversa figura musicale›› (Razzini, 2020).
Questa durata può essere modificata grazie a dei puntini posti alla destra della nota, che forniscono l'indicazione di operare una somma tra frazioni, aggiungendo alla durata della nota il valore corrispondente alla metà della stessa. Ad esempio, a 1/4 bisognerebbe aggiungere 1/8 ottenendo una durata complessiva di 3/8.

Un metodo didattico pensato per la Scuola Secondaria di Primo e Secondo Grado, Doremat, affronta l'argomento sostenendo che ‹‹L'unità di misura della Musica è una frazione: quella che indica il metro e sulla quale si possono effettuare vere e proprie operazioni aritmetiche›› (Lentini, 2015).
Allo stesso tempo, è importante sottolineare che le frazioni non rappresentano l'unico o più importante aspetto che connette la matematica alla musica. Il Metodo *MusicArte*, ad esempio, spiega che queste sono realmente parte del linguaggio musicale ma il principale punto di incontro tra la musica e la matematica è rappresentato da caratteristiche di tipo soprattutto grafico, come approfondito nel Terzo Capitolo.

3. La notazione musicale nel Medioevo

Questo paragrafo riguarda un breve approfondimento che ho avuto piacere di proporre durante l'UDA nella scuola primaria, in relazione a un progetto che i bambini hanno seguito durante l'anno.
‹‹La notazione è per la musica quello che la scrittura alfabetica è per le parole: un sistema coordinato di segni con i quali si scrivono sulla carta da musica gli elementi del discorso musicale›› (Allorto, 1989).
Questa si definì in un secondo momento, rispetto alla nascita della musica e dei canti, in quanto nata dall'esigenza di trovare una "*scrittura dei suoni*" che potesse rendere più semplice tramandarli alle generazioni successive.
La notazione più antica del Medioevo era chiamata "*Notazione Neumatica*" ed era principalmente utilizzata per indicare le altezze delle note (non la loro durata) e per fornire una guida alla melodia.
I simboli della Notazione Neumatica, usati ad esempio per il canto gregoriano, erano chiamati "*neumi*" e consistevano in una serie di linee, curve e punti scritti sopra il testo per indicare ‹‹uno o più suoni riferiti alla nota o alle note da cantare su una stessa sillaba›› (Allorto, 1989). Trattandosi di un ausilio mnemonico, i *neumi* erano definiti "*in campo aperto*" in quanto non precisavano la natura degli intervalli tra le note.

In seguito ad alcune trasformazioni, all'epoca di Guido d'Arezzo si impose l'uso del rigo composto da quattro linee detto *Tetragramma*, rivoluzionando la funzione dei neumi che non rimangono semplicemente un sussidio alla memoria dei cantori ma acquistano valore come mezzo di comunicazione. Analogamente a quanto avviene per il pentagramma con le note, anche nel tetragramma i neumi si scrivevano sui righi e dentro gli spazi. Si adottano così i neumi di forma quadrata, che rappresentano la risoluzione della rappresentazione grafica dell'altezza.

Per risolvere, invece, il problema della durata, e dunque dei valori di tempo e dei valori ritmici, di particolare importanza con lo sviluppo del contrappunto e della musica polifonica, si distinguono i due segni quadrati "*virgola*" e "*punctum*", chiamati anche "*Longa*" e "*Brevis*", in quanto l'una il doppio dell'altra in termini di durata.

Nasce così la notazione modale, in quanto *Longae* e *Breves* si combinavano insieme in diversi "Modi", rispettando sempre il principio secondo il quale una longa dura quanto due Breves. L'uso dei modi nelle melodie di diversa lunghezza era regolato dagli Ordines, che indicavamo quante volte, prima di una pausa, si ripeteva lo schema ritmico di un modo nello svolgimento di una melodia.

Con la notazione mensurale, vengono introdotte due nuove figure: la "*Duplex Longa*" e la "*Semibrevis*" e viene superato il rigido schematismo dei modi ritmici. Grazie a un sistema di simboli e segni, ha introdotto il concetto di durata misurata, consentendo di rappresentare con maggior precisione la durata relativa delle note, le relazioni ritmiche e le pause. Ciò ha permesso ai musicisti di scrivere pezzi più complessi e sofisticati, utilizzando come unità di base la *Brevis,* suddivisibile nei valori minori: *Semibrevis, Minima, Semiminima,* in base a un sistema di tre *Divisiones.*

Un esempio di notazione mensurale è la musica di Guillaume de Machaut, un famoso compositore francese del XIV secolo, che l'ha utilizzata per rappresentare le sue opere polifoniche.

Non entro nel dettaglio di questa spiegazione in quanto non necessario, trattandosi di una curiosità che è stata solo brevemente

esplorata con i bambini in merito al progetto sul Medioevo che stavano seguendo.
È interessante notare, però, che la relazione con la Matematica e la Geometria è stata una delle principali caratteristiche della musica medievale. Entrambe erano considerate parti essenziali della "*Scienza Quadriviale*" del periodo. La Matematica e la Geometria sono state utilizzate per sviluppare la notazione musicale medievale, attraverso un sistema di simboli e segni, e per comprendere le relazioni tra le note e le loro durate.
La notazione mensurale, ad esempio, ha introdotto il concetto di "*proporzioni musicali*", basate sulle relazioni numeriche tra le durate delle note, come il rapporto tra la Semibreve e la Minima o tra la Minima e la Semiminima.
La teoria musicale medievale, come accennato anche nel Primo Capitolo, si basava sulla matematica e sulla geometria anche per spiegare l'ordine e l'armonia dell'universo. Ad esempio, la teoria della "*Musica delle sfere*" affermava che i movimenti delle sfere celesti producevano un'armonia perfetta, che poteva essere rappresentata da scale e armonie musicali. Non meno importante, inoltre, è il fatto che la matematica è stata anche utilizzata per sviluppare strumenti musicali, come l'organum, basato sulla divisione matematica dell'ottava che ha portato alla creazione di una scala di 12 note.

4. La Progettazione

4.1 Unità di apprendimento per la Scuola dell'Infanzia

L'unità di apprendimento progettata per la scuola dell'infanzia utilizza come principale riferimento il *Metodo Suoni e Silenzi*, di cui si è parlato nel Terzo Capitolo.

Pur trattandosi di un progetto di poche ore, si è deciso di proporre delle attività che permettessero ai bambini di passare gradualmente dal più importante lavoro sul ritmo e sui prerequisiti matematici di base alla scoperta del linguaggio musicale formale e alla sperimentazione delle relazioni tra spartito e tastiera, rafforzando in questo modo gli apprendimenti affrontati nelle diverse fasi.

DENOMINAZIONE	***"Un Due… RE! – Tra Matematica e Musica per una didattica interdisciplinare"***
PRODOTTI	Preparazione e realizzazione di una rappresentazione musicale sulle note di "Baby Shark", attraverso il canto e la lettura ritmica, musicale e matematica appresa a partire dal Metodo *Suoni e Silenzi* di Maestro Libero Iannuzzi. Titolo spettacolo: "Sezione A Shark".

COMPETENZE CHIAVE/COMPETENZE CULTURALI	**EVIDENZE OSSERVABILI** *L'alunno:*
COMPETENZA IN MATERIA DI CONSAPEVOLEZZA ED ESPRESSIONE CULTURALI	• Scopre il paesaggio sonoro attraverso attività di percezione e produzione musicale utilizzando voce, corpo, oggetti e strumenti musicali; • Sperimenta semplici suoni attraverso l'utilizzo della propria voce e combina elementi musicali di base, producendo semplici sequenze sonoro-musicali; • Esplora i primi alfabeti musicali, utilizzando anche i simboli di una notazione informale per codificare i suoni percepiti e riprodurli; • Sviluppa interesse per l'ascolto della musica; • Percepisce il potenziale comunicativo ed espressivo del proprio corpo; • Controlla l'esecuzione del gesto e interagisce con gli altri nei giochi di movimento, nella musica, nella danza, nella comunicazione espressiva; • Sa esprimere storie attraverso drammatizzazioni, disegno, pittura.

COMPETENZA MATEMATICA E COMPETENZA IN SCIENZE, TECNOLOGIE E INGEGNERIA	• Confronta e valuta quantità, e per registrarle utilizza simboli che interpreta e produce; • Familiarizza con i concetti di metà e doppio e con i quantificatori universali; • Conosce le principali figure geometriche; • Raggruppa oggetti e materiali secondo criteri diversi, identificandone alcune proprietà, tra cui le dimensioni; • Individua i primi concetti spaziali e temporali e i rapporti topologici di base; • Racconta esperienze vissute.
COMPETENZA PERSONALE, SOCIALE E CAPACITÀ DI IMPARARE A IMPARARE	• Mostra curiosità e interesse durante le attività.
COMPETENZA IN MATERIA DI CITTADINANZA	• Collabora con gli altri, partecipa in modo costruttivo e creativo, accettando ruoli e regole.
Abilità	**Conoscenze**
IMMAGINI, SUONI E COLORI	
• Sviluppare interesse per l'ascolto di musica; • Scoprire il paesaggio sonoro, percepire e produrre musica usando voce, corpo e strumenti musicali, aprendosi al piacere di fare musica; • Verbalizzare e drammatizzare il proprio vissuto utilizzando il linguaggio mimico-gestuale e musicale e il disegno.	• Ascolto e produzione di brevi sequenze e semplici elaborati musicali; • Le tecniche artistiche ed espressive, di rappresentazione grafica, audiovisiva e corporea.

IL CORPO E IL MOVIMENTO	
• Esercitare le potenzialità relazionali, ritmiche ed espressive del corpo, muovendosi secondo immaginazione e creatività; • Interagire con gli altri nei giochi di movimento controllando i propri gesti e la forza del proprio corpo.	• Il linguaggio corporeo e le sue potenzialità comunicative; • La comunicazione non verbale; • Il movimento in sicurezza del corpo nello spazio e in relazione agli altri.
LA CONOSCENZA DEL MONDO	
• Eseguire raggruppamenti e seriazioni secondo vari criteri; • Confrontare e valutare quantità e utilizzare simboli per registrarle, avviando i primi processi di astrazione; • Familiarizzare con i concetti di metà e doppio; • Riconoscere e discriminare le relazioni spaziali e i concetti topologici (dentro/fuori, sopra/sotto, vicino/lontano, avanti/dietro, destra/sinistra) e le varie dimensioni (grande/medio/piccolo); • Riconoscere e denominare le principali figure geometriche (cerchio, quadrato, triangolo, rettangolo) e usare i quantificatori universali (di più, di meno, poco, tanto, molto, niente); • Riconoscere i concetti temporali di successione, contemporaneità, durata (prima/dopo/durante/mentre)	• Raggruppamenti, seriazioni, ordinamenti e ritmi; • Simboli e primi processi di astrazione; • Concetti di "metà" e "doppio" • Concetti spaziali e topologici (dentro/fuori, sopra/sotto, vicino/lontano, avanti/dietro, destra/sinistra); • Dimensioni (grande/medio/piccolo); • Figure e forme geometriche (cerchio, quadrato, triangolo, rettangolo); • Quantificatori universali (di più, di meno, poco, tanto, molto, niente); • Concetti temporali di successione, contemporaneità, durata (prima, dopo, durante, mentre).

IL SÉ E L'ALTRO	
• Assumere comportamenti rispettosi degli altri, con cui collaborare per raggiungere un obiettivo comune.	• Rispetto per i compagni e gli adulti; • Collaborazione in vista di un obiettivo comune.

PREREQUISITI *L'alunno:*	• Conosce e comprende la lingua madre; • Interagisce con gli altri, ponendo domande, esprimendo sentimenti e pensieri; • Comprende semplici consegne e partecipa alle attività proposte; • Riesce a stabilire una prima relazione con l'altro; • Presta attenzione a ciò che viene letto o raccontato; • Ascolta, comprende e riferisce storie e letture; • Memorizza e recita brevi canti.
FASE DI APPLICAZIONE	***1. Lettura attiva "La storia dei pallini";*** ***2. Rappresentazione grafico-pittorica della casa dei pallini;*** ***3. Creazione del "Palazzo Pentagramma" attraverso l'unione delle case dei pallini;*** ***4. Presentazione di spartiti musicali semplificati, ascolto e canto de "La Canzone di Piccolo Do";*** ***5. Lettura dell'albo illustrato "L'orso e il piano";*** ***6. Preparazione della rappresentazione musicale "Sezione A Shark;*** ***7. Realizzazione della rappresentazione musicale "Sezione A Shark" con riflessione guidata e illustrazione dell'attività.***

ESPERIENZE ATTIVATE	• Osservazione e ascolto di canzoni e brevi narrazioni; • Esperienza di discussione e confronto; • Attività grafico-pittoriche; • Esperienza laboratoriale; • Esperienze motorie; • Lavoro di gruppo e collaborazione tra pari; • Attività di drammatizzazione.
METODOLOGIA	• Lezione partecipata e collaborativa; • Circle time; • Attività grafico-pittorica individuale; • Peer collaboration; • Didattica laboratoriale; • Debriefing; • Drammatizzazione.
STRUMENTI	• Libro "Suoni e Silenzi" di Maestro Libero Iannuzzi; • Cartoncino bristol; • Strumenti musicali a percussione, ukulele, tappeto musicale a forma di pianoforte; • Schede didattiche; • Carte plastificate; • PC; • Spartiti musicali; • Albo illustrato "L'orso e il piano" di David Litchfield; • Plastificatrice, feltro, nastro biadesivo, tempere e pennelli, fogli bianchi e matite colorate.

VALUTAZIONE	La valutazione sarà basata sull'osservazione sistematica delle risposte e del comportamento del bambino e riguarderà il processo di apprendimento della sezione. Attraverso tale osservazione si vuole accertare l'acquisizione di: ➢ Impegno e partecipazione; ➢ Rispetto delle consegne; ➢ Uso e padronanza di semplici termini acquisiti; ➢ Creatività; ➢ Tempi di esecuzione; ➢ Rilevazione delle conoscenze e delle abilità acquisite.

<table>
<tr><td>FASE 1</td><td>Lettura attiva:
“La storia dei pallini PA, PA, PA, PA”
ed esercizi di lettura di sequenze ritmiche.</td></tr>
<tr><td>TEMPI</td><td>30 minuti circa totali.</td></tr>
<tr><td>STRUMENTI E MATERIALI</td><td>• Libro “Suoni e Silenzi” di Libero Iannuzzi;
• Cartellone rappresentante “La casa dei pallini”;
• Carte con le figure ritmiche (4 carte per figura);
• Strumenti musicali.</td></tr>
<tr><td>STRATEGIE METODOLOGICHE</td><td>• Lezione partecipata in circle time.</td></tr>
<tr><td colspan="2">ATTIVITÀ</td></tr>
<tr><td>COSA FA L’INSEGNANTE</td><td>COSA FA L’ALUNNO</td></tr>
<tr><td>L’insegnante:
• Racconta la storia dei pallini con ausilio del cartellone e delle carte (concetti prima/dopo), propone esercizi di lettura ritmica (con voce e body percussion) usando pallini e pause da ¼;
• Introduce le altre figure ritmiche, con attenzione alla loro relazione matematica, proponendo esempi ed esercizi di consolidamento con tutte le figure ritmiche;
• Presenta e utilizza strumenti musicali per attività di raggruppamento e per la lettura ritmica.</td><td>L’alunno:
• Partecipa attivamente alla storia attraverso la lettura guidata delle figure ritmiche;
• Comprende la relazione matematica tra le stanze e i valori delle figure e tra le figure stesse, e i concetti “prima”, “dopo”, “metà”, “doppio”, “grande”, “medio”, “piccolo”;
• Legge con voce, body percussion e strumenti musicali le sequenze, e ne costruisce alcune;
• Partecipa alle attività di raggruppamento.</td></tr>
</table>

FASE 2	***Rappresentazione grafico-pittorica della casa dei pallini e utilizzo dell'applicazione "Il Pallinatore".***
TEMPI	30 minuti circa totali.
STRUMENTI E MATERIALI	• Schede didattiche per "La casa dei pallini"; • 16 carte a bambino (4 per figura ritmica); • Plastificatrice e feltro adesivo; • Strumenti musicali; • Un PC con l'app. "Il Pallinatore".
STRATEGIE METODOLOGICHE	• Attività grafico-pittorica individuale; • Peer collaboration; • Lezione partecipata e collaborativa in circle time.
ATTIVITÀ	
COSA FA L'INSEGNANTE	COSA FA L'ALUNNO
• Chiede ai bambini di osservare la casa dei pallini e le figure ritmiche, per individuare le forme geometriche; • Li invita a realizzare le proprie "Case dei pallini" e ad esercitarsi a costruire e leggere sequenze (con le carte delle figure ritmiche), costruendone anche una per un compagno; • Propone esercizi di costruzione, lettura ritmica e raggruppamento con "Il Pallinatore".	• Osserva il cartellone e individua le forme geometriche; • Realizza la propria casa, utilizzando la scheda predisposta (con i contorni tracciati per i treenni, tratteggiati per i cinquenni), e si esercita nella creazione e lettura di sequenze, costruendone anche una per un compagno; • Esegue gli esercizi di costruzione, lettura e raggruppamento con "Il Pallinatore".

FASE 3	***Creazione del "Palazzo Pentagramma", costruzione e lettura di partiture ritmiche.***
TEMPI	20 minuti circa totali.
STRUMENTI E MATERIALI	• Cartellone del Palazzo Pentagramma; • Le "case dei pallini" plastificate realizzate dai bambini nella fase 2; • Le carte plastificate dei bambini; • Feltro e nastro biadesivo; • Strumenti musicali
STRATEGIE METODOLOGICHE	• Lezione partecipata e collaborativa; • Peer collaboration;
ATTIVITÀ	
COSA FA L'INSEGNANTE	COSA FA L'ALUNNO
• raffigurante il "Palazzo Pentagramma", spiegando che, come qualunque altro palazzo, contiene tante case; • Utilizzando i concetti topologici, fornisce ai bambini indicazioni per inserire le loro case negli spazi predisposti sul "Palazzo Pentagramma"; • Chiede ai bambini di creare delle sequenze ritmiche all'interno delle case, costruendo una partitura ritmica da leggere insieme con la body percussion e gli strumenti musicali; • Propone ulteriori esercizi per lavorare sui quantificatori universali attraverso la costruzione di partiture con meno, più, molte, poche o nessuna sequenza ritmica.Mostra ai bambini il cartellone •	• Espone le sue osservazioni sul "Palazzo Pentagramma"; • Inserisce la propria casa sul cartellone, individuando lo spazio corretto in relazione all'indicazione fornita dall'insegnante e riconoscendo i concetti topologici (es. vicino, sotto, sopra); • Costruisce una sequenza ritmica all'interno di una delle case del "Palazzo Pentagramma" e, assieme ai compagni, legge la partitura ritmica costruita; • Partecipa alla costruzione e lettura di ulteriori partiture ritmiche seguendo le indicazioni dell'insegnante.

FASE 4	***Presentazione di spartiti musicali semplificati, ascolto ed esecuzione di sequenze musicali con un ukulele, ascolto e canto de "La Canzone di Piccolo Do".***
TEMPI	20 minuti circa totali.
STRUMENTI E MATERIALI	• Spartiti musicali semplificati, predisposti dalla docente; • Un ukulele; • Un PC per visionare e ascoltare "La Canzone di Piccolo Do".
STRATEGIE METODOLOGICHE	• Lezione partecipata e collaborativa in circle time.
ATTIVITÀ	
COSA FA L'INSEGNANTE	COSA FA L'ALUNNO
• Mostra ai bambini qualche spartito musicale semplificato in cui possano individuare la struttura ritmica del "Palazzo Pentagramma" e fa notare che i pallini possono trovarsi in punti diversi, spiegando con l'aiuto di un ukulele che per creare una melodia servono note diverse, altrimenti il suono sarebbe sempre uguale; • Invita i bambini a eseguire brevi e libere sequenze musicali con l'ukulele; • Propone ai bambini di ascoltare e cantare "La Canzone di Piccolo Do".	• Osserva gli spartiti, ascolta le sequenze musicali suonate dall'insegnante con l'ukulele ed espone eventuali considerazioni; • Si cimenta nell'esecuzione di brevi e libere sequenze musicali con l'ukulele; • Ascolta "La Canzone di Piccolo Do", visionando il video associato, per poi riascoltarla provando a cantare.

FASE 5	***Lettura dell'albo illustrato "L'orso e il piano", presentazione del tappeto musicale a forma di pianoforte, preparazione dei cappelli a forma di squalo***
TEMPI	45 minuti circa totali.
STRUMENTI E MATERIALI	• Albo illustrato "L'orso e il piano" di David Litchfield; • Tappeto musicale-pianoforte; • Base di cartoncino per il cappello da squalo; • Tempere e pennelli.
STRATEGIE METODOLOGICHE	• Lezione partecipata e collaborativa in circle time; • Didattica laboratoriale; • Attività grafico-pittorica individuale;
ATTIVITÀ	
COSA FA L'INSEGNANTE	COSA FA L'ALUNNO
• Predispone l'ambiente per la lettura, legge l'albo illustrato, ascolta le riflessioni dei bambini e pone loro domande guida; • Presenta il tappeto musicale a forma di pianoforte e lascia suonare i bambini con mani o piedi, a turno e con delicatezza; • Propone brevi sequenze musicali, a partire da scale ascendenti e discendenti per familiarizzare con i concetti di ordine crescente e decrescente; • Propone ai bambini di realizzare uno "spettacolo" per mostrare alle altre sezioni ciò che hanno imparato, e consegna le basi di cartoncino del cappellino da squalo da dipingere.	• Ascolta la storia osservando le figure dell'albo, partecipa attivamente alla discussione e ascolta i compagni; • Sperimenta liberamente il tappeto musicale a forma di pianoforte suonando delicatamente con mani o piedi, rispettando i turni; • Esegue le sequenze musicali brevi proposte dall'insegnante; • Espone eventuali considerazioni sulla realizzazione dello spettacolo; • Realizza il proprio cappellino da squalo colorando con le tempere la base di cartoncino predisposta dalla docente.

FASE 6	**Preparazione della rappresentazione musicale "Sezione A Shark"**
TEMPI	1 ora e 30 minuti circa totali.
STRUMENTI E MATERIALI	• Tappeto musicale-pianoforte; • Strumenti musicali; • Il Palazzo Pentagramma; • La Casa dei Pallini; • Le carte delle figure ritmiche.
STRATEGIE METODOLOGICHE	• Debriefing; • Peer collaboration; • Didattica laboratoriale; • Drammatizza- -zione.
ATTIVITÀ	
COSA FA L'INSEGNANTE	COSA FA L'ALUNNO
• Spiega ai bambini che per lo spettacolo dovranno cantare "Sezione A Shark", invita i cinquenni ad eseguire sul tappeto musicale la sequenza indicata su uno spartito semplificato (Baby Shark) e dice ai treenni che loro canteranno o suoneranno un altro strumento; • Spiega che, uno alla volta, si presenteranno con una mossa di ballo e la lettura di una sequenza ritmica; • Guida i bambini nella preparazione dello spettacolo, fornendo loro le indicazioni necessarie, utilizzando i concetti topologici e temporali.	• Partecipa alle attività proposte suonando il tappeto musicale, scegliendo una sequenza ritmica da eseguire durante il suo turno nell'esibizione e la modalità di lettura della stessa, ecc; • Inizia a riconoscere i concetti topologici (vicino/lontano, avanti/dietro, destra/sinistra) e i concetti temporali di successione, contemporaneità, durata (prima, dopo, durante, mentre).

FASE 7	**Realizzazione della rappresentazione musicale “Sezione A Shark”, riflessione guidata, attività grafico-pittorica**
TEMPI	40 minuti circa totali.
STRUMENTI E MATERIALI	• Tappeto musicale-pianoforte; • Strumenti musicali; • Il Palazzo Pentagramma; • La Casa dei Pallini; • Le carte delle figure ritmiche; • I cappelli da squalo; • Fogli bianchi e matite colorate.
STRATEGIE METODOLOGICHE	• Debriefing; • Peer collaboration; • Drammatizzazione.
ATTIVITÀ	
COSA FA L’INSEGNANTE	COSA FA L’ALUNNO
• Aiuta i bambini a prepararsi, chiede se ricordano cosa fare e se hanno domande, e propone di fare una prova; • Organizza lo spazio in cui verrà realizzata la rappresentazione; • Presenta il progetto e la “Sezione A Shark”, con l’aiuto dei bambini; • Dopo lo spettacolo, si complimenta con i bambini per l’ottimo lavoro e il grande impegno; poi li invita a scegliere e disegnare la o le attività più apprezzate; • Raccoglie i disegni e crea, in un secondo momento, un libro con foto scattate durante le diverse fasi, loro descrizione, scansione dei disegni; • Legge il libro insieme agli altri docenti e ai bambini.	• Partecipa attivamente al dialogo, ricordando cosa deve fare durante lo spettacolo, e pone eventuali domande; • Partecipa alla presentazione del progetto oppure ascolta insegnante e compagni e attende l’inizio dello spettacolo; • Partecipa attivamente allo spettacolo, rispettando il suo turno e i suoi compagni; • Ringrazia con un inchino, con compagni e insegnanti che si tengono per mano; • Riflette sulle diverse fasi e attività del progetto per scegliere e rappresentare con un disegno quella o quelle che gli sono piaciute di più; • Partecipa attivamente, in un incontro successivo, alla lettura del libro conclusivo con le docenti e i compagni.

ESITI E RIFLESSIONI

Nella prima giornata sono state svolte le attività previste per le prime due fasi del progetto, con protagonista *"La Casa dei Pallini"*.

È stata raccontata la storia con la partecipazione attiva dei bambini che hanno mostrato da subito grande interesse e con poche difficoltà hanno utilizzato il cartellone e le carte plastificate per cimentarsi nella creazione e nella lettura di sequenze ritmiche.

Durante la narrazione, sono state proposte ai bambini alcune domande stimolo, che hanno permesso di lavorare anche sulla narrazione e consapevolezza di sé.

In un secondo momento, dopo la merenda, è stata proposta un'attività grafico-pittorica individuale per la creazione delle case dei pallini attraverso l'utilizzo delle schede predisposte. I bambini hanno poi ricevuto un piccolo mazzo di carte rappresentanti le figure ritmiche e si sono esercitati in autonomia a costruire e leggere sequenze.

Dopo alcuni esercizi, le inseganti si avvicinavano ai bambini per osservare la costruzione delle sequenze e ascoltarne la lettura, per verificare quanto avessero imparato.

Tutti i bambini, indipendentemente dall'età, hanno letto correttamente le sequenze ritmiche costruite e hanno mostrato di aver compreso le relazioni matematiche che intercorrono tra i valori di durata delle note.

Solo tre bambini hanno mostrato inizialmente qualche piccola indecisione, che è stata affrontata con l'aiuto dell'insegnante attraverso alcuni esercizi guidati.

Due bambini (5 e 3 anni) hanno mostrato una particolare abilità nella lettura ritmica con voce, corpo e strumenti musicali.

Nel pomeriggio, la storia dei pallini è stata raccontata una seconda volta con l'aiuto dei bambini, che hanno voluto parlare delle attività svolte anche ai loro compagni di un'altra sezione e anch'essi, particolarmente interessati, si sono impegnati particolarmente costruendo e leggendo senza difficoltà le sequenze ritmiche.

Nella seconda giornata, dopo un riepilogo della storia dei pallini per i bambini assenti il giorno prima, è stato presentato *"Il Palazzo Pentagramma"* che i bambini hanno costruito insieme inserendo

negli appositi spazi le proprie case dei pallini, seguendo le indicazioni dell'insegnante (sotto, sopra, a fianco, a destra, a sinistra, prima, dopo, seconda, terza, ultima).
Successivamente, i bambini hanno costruito una sequenza ritmica ciascuno (ogni bambino una casa), e insieme hanno letto con la voce e con la Body Percussion l'intera partitura, mentre l'insegnante teneva il segno (e il tempo) indicando la figura ritmica da leggere.
Durante la prima lettura sono emerse alcune difficoltà, ma già con la seconda lettura i bambini sono riusciti ad ascoltarsi in modo da seguire lo stesso ritmo.
Nel pomeriggio, i bambini hanno osservato alcuni spartiti musicali con "la scrittura che usano i musicisti per scrivere le canzoni".
È dunque stato mostrato, con l'utilizzo di una tastiera, come le diverse note musicali producano diversi suoni, a differenza degli strumenti a percussione da loro utilizzati per la lettura ritmica.
I bambini si sono dunque cimentati nell'esecuzione di sequenze musicali sulla tastiera, utilizzando dei bollini colorati come indicazioni delle note.
In particolar modo, hanno provato a suonare Baby Shark, riuscendo con successo dopo poco esercizio.
È stata anticipata anche la presentazione del tappeto musicale a forma di pianoforte, prevista per la fase cinque, con il quale i bambini si sono esercitati ad eseguire sequenze musicali brevi e, in particolar modo, a suonare la melodia di Baby Shark sulla base di uno spartito semplificato.
Successivamente, sono state proposte le attività previste per la fase 5, partendo dalla lettura dell'albo illustrato "L'orso e il piano" e si è proseguito con gli esercizi sul tappeto musicale e sulla tastiera e con la costruzione dei cappellini a forma di squalo.
La canzone di Baby Shark è stata suonata da tutti i bambini, indipendentemente dall'età, in modo sorprendente.
E le diverse attività sono state successivamente presentate anche ai genitori.
Complessivamente, l'UDA si è sviluppata in modo più che soddisfacente, ha raggiunto gli obiettivi di apprendimento previsti, ha

suscitato l'interesse di tutti i bambini e ha coinvolto ognuno di loro, indipendentemente da eventuali difficoltà.
Ogni attività è stata proposta con molta attenzione ai bisogni speciali dei bambini, che non sono mai stati portati a sentirsi esclusi da alcune fasi del progetto.
Le attività che prevedevano l'utilizzo del linguaggio sono state strutturate in modo da essere sempre accompagnate dall'utilizzo del linguaggio non verbale e cinestetico per supportare due alunni in particolare, con esigenze speciali.
Nessun bambino ha mostrato scarso interesse o poco impegno.
Al contrario, ogni fase è stata affrontata con tranquillità, approfondita e più volte ripresa, senza interferire con la realizzazione del progetto ma rafforzandola, soprattutto grazie alla grande collaborazione e motivazione dei bambini, e grazie alla partecipazione preziosa delle docenti della sezione, con cui i bambini hanno lavorato al consolidamento.
Il progetto si è svolto in 8 ore complessive, piuttosto che in 4 ore e 35 minuti, come previsto.
L'unica parte che non è stata possibile realizzare, per ragioni organizzative, è la creazione del libro con i disegni dei bambini relativi al progetto.

LA CASA DEI PALLINI
PA, PA, PA, PA

LA CASA DEI PALLINI
PA, PA, PA, PA

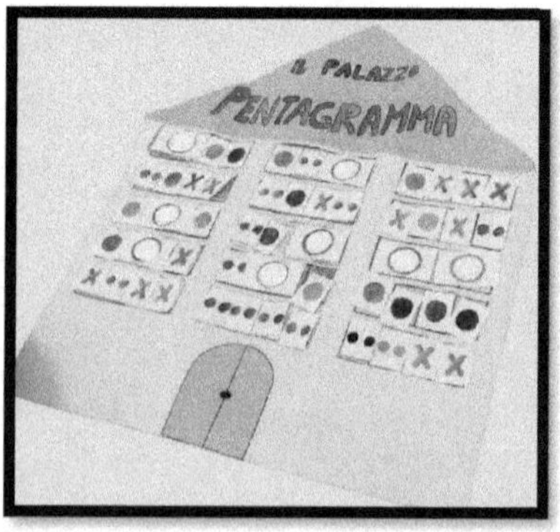
IL PALAZZO
PENTAGRAMMA

4.2 Unità di apprendimento per la Scuola Primaria

L'Unità di Apprendimento progettata per la scuola primaria, si concentra in un primo momento sul racconto del progetto proposto nella scuola dell'infanzia, in modo da proporre ai bambini, che hanno poche conoscenze sul linguaggio musicale, un'attività ritmica introduttiva.

Successivamente, il percorso prende come riferimento principale soprattutto il Metodo MusicArte, per esplorare le relazioni intrinseche che intercorrono tra la Matematica e la Musica, partendo da un ripasso sulle frazioni affrontato recentemente con la docente di Matematica e ripreso brevemente nella prima fase del progetto. In questo caso non è stata posta la Musica al servizio della Matematica, quanto la Matematica al servizio della Musica.

DENOMINAZIONE	***"Un Due… RE! – Tra Matematica e Musica per una didattica interdisciplinare"***
PRODOTTI	Raccolta del materiale in una cartella, preparazione di un'attività individuale o di gruppo.

COMPETENZE CHIAVE/COMPETENZE CULTURALI	**EVIDENZE OSSERVABILI** *L'alunno:*
COMPETENZA MATEMATICA E COMPETENZA IN SCIENZE, TECNOLOGIE E INGEGNERIA	• Riconosce e utilizza rappresentazioni diverse di oggetti matematici (frazioni).
COMPETENZA IN MATERIA DI CONSAPEVOLEZZA ED ESPRESSIONE CULTURALI	• Familiarizza con il linguaggio musicale; • Fa uso di forme di notazione informali e formali; • Esplora diverse possibilità espressive della voce, di oggetti sonori e strumenti musicali, imparando ad ascoltare sé stesso e gli altri; • Articola combinazioni timbriche, ritmiche e melodiche, applicando schemi elementari e le esegue con la voce, il corpo e gli strumenti. • Esegue semplici brani strumentali utilizzando anche strumenti didattici e auto-costruiti.
COMPETENZA PERSONALE, SOCIALE E CAPACITÀ DI IMPARARE A IMPARARE	• Sviluppa un atteggiamento positivo rispetto alla matematica e alla sua utilità; • Costruisce ragionamenti formulando ipotesi, sostenendo le proprie idee e confrontandosi con il punto di vista di altri.

Abilità	Conoscenze
IMMAGINI, SUONI E COLORI	
• Consolidare le conoscenze relative alle definizioni, alle regole e alle operazioni con le frazioni; • Utilizzare misure convenzionali e non convenzionali per realizzare un disegno geometrico e a mano libera.	• Frazioni; • Misure convenzionali e non convenzionali; • Disegno geometrico e a mano libera.
MUSICA	
• Utilizzare voce, corpo e strumenti musicali in modo creativo e consapevole per eseguire semplici brani; • Riconoscere e classificare gli elementi costitutivi basilari del linguaggio musicale; • Utilizzare sistemi simbolici convenzionali e non convenzionali.	• Esecuzione di suoni con le parti del corpo e con strumenti musicali; • La scrittura musicale; • Lettura ed elaborazione di partiture secondo segni non convenzionali e convenzionali.

PREREQUISITI *L'alunno:*	• Esegue le quattro operazioni con sicurezza, individua multipli e divisori di un numero; • Opera con le frazioni e riconosce frazioni equivalenti; • Conosce le figure geometriche principali e utilizza strumenti di misura; • Riconosce e descrive regolarità in una sequenza di numeri o di figure.

FASE DI APPLICAZIONE	1. ***Ripasso sulle frazioni, esercizi di lettura ritmica con figure informali e prima riflessione sulle relazioni matematiche;*** 2. ***Introduzione alla notazione formale: lo spartito come disegno geometrico e il pentagramma;*** 3. ***Le note musicali e il loro valore;*** 4. ***Attività di gruppo per l'analisi di spartiti, riflessione guidata sulle relazioni matematiche e approfondimento su spartito e battuta;*** 5. ***Composizione di battute con diverse combinazioni di valori e somme di frazioni;*** 6. ***Costruzione della tastiera muta, esecuzione di semplici sequenze e brani sulla tastiera, curiosità sulla notazione medievale;*** 7. ***Realizzazione di un'attività individuale o di gruppo e valutazione.***
ESPERIENZE ATTIVATE	• Osservazione e ascolto; • Esperienza di discussione e confronto; • Attività grafico-pittoriche; • Esperienza laboratoriale; • Esperienze motorie; • Lavoro di gruppo e collaborazione tra pari; • Osservazione e ascolto; • Sviluppo del pensiero critico e riflessivo;
METODOLOGIA	• Lezione partecipata e collaborativa; • Jigsaw classroom • Peer collaboration; • Peer tutoring; • Attività grafico-pittorica individuale; • Didattica laboratoriale; • Debriefing. •

STRUMENTI	• Raccoglitore con fogli bianchi, trasparenti, pentagrammati, a quadrettini e quadrettoni; • Cartellone Casa dei Pallini, Palazzo Pentagramma e carte delle figure ritmiche; • Lavagna e gessi colorati; • Carte plastificate sui valori delle note e con i simboli delle note; • Spartiti musicali e spartiti musicali medievali; • Strumenti musicali a percussione e tastiera; • Matita, gomma, temperino, penne, righello. • Libro "Suoni e Silenzi" di Libero Iannuzzi; • Libro "Pianeta MusicArte" di Daniele Pasini.
VALUTAZIONE	La valutazione sarà basata sull'osservazione sistematica delle risposte e del comportamento del bambino e riguarderà il processo di apprendimento della classe. Attraverso tale osservazione si vuole accertare l'acquisizione di: ➢ Impegno e partecipazione; ➢ Rispetto delle consegne; ➢ Uso e padronanza di semplici termini acquisiti; ➢ Creatività; ➢ Tempi di esecuzione; ➢ Rilevazione delle conoscenze e delle abilità acquisite. Sarà eseguita una valutazione individuale, attraverso i compiti assegnati durante le diverse fasi del progetto e per la valutazione, e complessiva, attraverso le osservazioni sull'interesse e la partecipazione, nonché una approfondita analisi di autovalutazione degli alunni e delle insegnanti stesse.

FASE 1	*Ripasso sulle frazioni, esercizi di lettura ritmica con figure informali e prima riflessione sulle relazioni matematiche*
TEMPI	1 ora e 20 minuti circa
STRUMENTI E MATERIALI	• Fogli a quadretti; • Cartellone Casa dei Pallini e Palazzo Penta- -gramma e carte delle figure ritmiche; • Strumenti musicali.
STRATEGIE METODOLOGICHE	• Lezione partecipata e collaborativa; • Didattica Laboratoriale.
ATTIVITÀ	
COSA FA L'INSEGNANTE	COSA FA L'ALUNNO
• Introduce brevemente il progetto; • Guida un'attività di ripasso sulle frazioni. • Introduce figure ritmiche informali e propone esercizi di lettura ritmica; • Guida una riflessione sulle relazioni matematiche individuabili;	• Partecipa attivamente all'attività di ripasso proposta. • Utilizza la voce, la body percussion o gli strumenti musicali per gli esercizi di lettura ritmica; • Espone riflessioni sulle relazioni matematiche.

FASE 2	***Introduzione alla notazione formale: lo spartito come disegno geometrico e il pentagramma***
TEMPI	1 ora circa
STRUMENTI E MATERIALI	• Spartiti musicali; • Fogli trasparenti, a quadretti e bianchi.
STRATEGIE METODOLOGICHE	• Lezione partecipata e collaborativa; • Attività grafico-pittorica individuale.
ATTIVITÀ	
COSA FA L'INSEGNANTE	COSA FA L'ALUNNO
• Mostra degli spartiti per passare alla spiegazione della notazione formale; • Si sofferma sull'osservazione dello spartito come disegno geometrico, proponendo un esercizio di decalcatura; • Parla del pentagramma e propone la realizzazione di pentagrammi a mano libera, prima su foglio a quadretti e poi su foglio bianco.	• Partecipa attivamente alla lezione; • Individua le figure geometriche che costituiscono i diversi elementi presenti nello spartito; • Esegue l'esercizio di decalcatura dello spartito; • Realizza pentagrammi a mano libera.

FASE 3	*Le note musicali e il loro valore*
TEMPI	1 ora e 40 minuti circa
STRUMENTI E MATERIALI	• Tastiera; • Lavagna e gessi colorati; • Fogli pentagrammati, a quadretti, a quadrettoni e bianchi; • Righello; • Spartiti musicali; • Carte con i valori delle note; • Metronomo
STRATEGIE METODOLOGICHE	• Lezione partecipata e collaborativa; • Attività grafico-pittorica individuale; • Didattica laboratoriale.
ATTIVITÀ	
COSA FA L'INSEGNANTE	COSA FA L'ALUNNO
• Parla delle note e fornisce esempi con una tastiera; • Propone esercizi di lettura e di trascrizione delle note sotto dettatura; • Consegna le carte con i valori delle note e guida la costruzione di uno schema a spiegamento binario e della griglia dei valori con righello e a mano libera; • Propone esercizi di lettura ritmica con il metronomo; • Propone esercizi matematici di consolidamento (es. somme di frazioni).	• Trascrive la scala di do maggiore e le note su righi e spazi in chiave di sol e di fa. • Esegue gli esercizi di lettura e di trascrizione; • Costruisce il proprio schema a spiegamento binario sui valori delle note e la propria griglia di suddivisione dei valori musicali, prima col righello poi a mano libera (utilizzando la propria matita come strumento di misura); • Esegue gli esercizi matematici di consolidamento.

FASE 4	*Attività di gruppo per l'analisi di spartiti, riflessione guidata sulle relazioni matematiche e approfondimento su spartito e battuta*
TEMPI	1 ora e 20 minuti circa
STRUMENTI E MATERIALI	• Spartiti musicali; • Fogli; • Fogli pentagrammati.
STRATEGIE METODOLOGICHE	• Lezione partecipata e collaborativa; • Jigsaw classroom • Peer collaboration; • Peer tutoring; • Attività grafico-pittorica individuale.
ATTIVITÀ	
COSA FA L'INSEGNANTE	COSA FA L'ALUNNO
• Divide gli studenti in piccoli gruppi e consegna ad ognuno un plico contenente spartiti musicali da analizzare per individuarne le caratteristiche; • Annota e raggruppa le osservazioni dei diversi gruppi, guidando una riflessione sulle relazioni matematiche e approfondendo la spiegazione concentrandosi sullo spartito e sulla battuta; • Chiede ai gruppi di analizzare nuovamente gli spartiti sulla base della nuova spiegazione e verificare se sono stati individuati tutti gli aspetti importanti; • Propone dei giochi per costruire uno spartito scrivendo variazioni e simmetrie a partire da una cellula melodica inventata.	• Collabora attivamente con i compagni rispettando le loro considerazioni e confrontandosi sulle caratteristiche individuate; • Annota le osservazioni del gruppo, le presenta alla classe; • Partecipa alla riflessione guidata dall'insegnante; • Prosegue il lavoro in gruppo per rianalizzare lo spartito sulla base della nuova spiegazione (es. controllando che la somma dei valori di una battuta corrisponda al tempo indicato a inizio spartito, individuando cellule ripetute, variazioni e simmetrie); • Inventa una cellula melodica e costruisce un breve spartito utilizzando variazioni e simmetrie.

FASE 5	*Composizione di battute con diverse combinazioni di valori e somme di frazioni*
TEMPI	40 minuti circa
STRUMENTI E MATERIALI	• Carte delle note musicali; • Fogli a quadretti, a quadrettoni, bianchi e pentagrammati.
STRATEGIE METODOLOGICHE	• Lezione partecipata e collaborativa; • Attività grafico-pittorica individuale; • Didattica Laboratoriale.
ATTIVITÀ	
COSA FA L'INSEGNANTE	COSA FA L'ALUNNO
• Propone alcuni esercizi di composizione di batture a colpo d'occhio (ad esempio di 4/4) utilizzando carte rappresentanti i simboli delle note; • Chiede di scrivere i valori frazionari delle note utilizzate e di sommarli, per controllare se la battuta è stata composta correttamente; • Guida i bambini nella creazione di uno schema sulle possibili combinazioni di note per la creazione di una battuta, ad esempio di 4/4, concentrandosi sul principio della metà, e propone esercizi di scrittura all'interno di una battuta .	• Si esercita a costruire battute a colpo d'occhio, utilizzando le carte rappresentanti i simboli delle note; • Scrive e somma i valori frazionari delle note per controllare di aver composto la battuta correttamente; • Segue le indicazioni della docente per creare lo schema sulle diverse combinazioni di note utilizzabili per costruire una battuta, ad esempio, di 4/4; • Comprende il principio della metà sulla base del quale esegue esercizi di scrittura all'interno di una battuta.

FASE 6	***Costruzione della tastiera muta, esecuzione di semplici sequenze e brani sulla tastiera, curiosità sulla notazione medievale***
TEMPI	1 ora circa
STRUMENTI E MATERIALI	• Fogli bianchi e a quadretti; • Righello; • Spartiti musicali; • Spartiti musicali medievali; • Tastiera.
STRATEGIE METODOLOGICHE	• Lezione partecipata e collaborativa; • Attività grafico-pittorica individuale; • Didattica laboratoriale.
ATTIVITÀ	
COSA FA L'INSEGNANTE	COSA FA L'ALUNNO
• Presenta la tastiera; • Guida la realizzazione di una tastiera muta; • Propone semplici sequenze e semplici brani da suonare (es. Fra Martino, Inno alla Gioia, etc.). • Presenta alcune riproduzioni di spartiti medievali per parlare della notazione del tempo e invita i bambini a provare a suonare sulla tastiera alcune battute di "Sumer Is Icumen In" e di "Saltarello".	• Costruisce la propria tastiera muta; • Esegue sulla tastiera semplici sequenze e semplici brani musicali. • Presta attenzione alla spiegazione, osserva gli spartiti ed espone eventuali osservazioni; • Prova a leggere e suonare sulla tastiera alcune battute di "Sumer Is Icumen In" e di "Saltarello".

FASE 7	***Realizzazione di un'attività individuale o di gruppo e valutazione***
TEMPI	3 ore circa
STRUMENTI E MATERIALI	• Raccoglitori dei bambini; • Materiale utilizzato durante le diverse fasi; • Materiale di cartoleria e cancelleria.
STRATEGIE METODOLOGICHE	• Lezione partecipata e collaborativa; • Peer collaboration; • Peer tutoring; • Debriefing; • Didattica Laboratoriale.
ATTIVITÀ	
COSA FA L'INSEGNANTE	COSA FA L'ALUNNO
• Consegna ai bambini un foglio e propone loro di realizzare un'attività, individualmente o in piccolo gruppo, scegliendo tra quelle indicate; • Mette a disposizione il materiale utile; • Osserva i bambini mentre lavorano e si confrontano, risponde a domande e dubbi; • Ascolta i bambini durante l'esposizione dei loro lavori e controlla il materiale realizzato (es. partiture ritmiche, pentagrammi, spartiti); • Apre una discussione per riflettere sul progetto, sugli apprendimenti e sulle criticità emerse.	• Sceglie l'attività che suscita in lui maggior interesse e si organizza da solo o in gruppo per realizzarla e presentarla; • Utilizza il materiale del suo raccoglitore e quello messo a disposizione dalla docente; • Espone il proprio lavoro e ascolta rispettosamente i compagni; • Partecipa alla discussione attivamente esprimendo il proprio punto di vista.

ESITI E RIFLESSIONI

Il progetto ha preso avvio, come previsto, con la fase introduttiva: dopo un ripasso sulle frazioni, i bambini hanno utilizzato la voce, il corpo e il materiale scolastico per leggere e riprodurre le sequenze ritmiche proposte. È stato utilizzato per un primo momento lo stesso metodo protagonista dell'UDA realizzata nella scuola dell'infanzia, basato sulla *Casa dei Pallini* di Libero Iannuzzi. A partire da questa, l'insegnante ha avuto modo di guidare le prime riflessioni degli alunni, che hanno potuto individuare le caratteristiche della battuta e le principali relazioni tra le diverse figure ritmiche. Si è introdotto in questo modo anche il concetto di tempo, e sono stati proposti ai bambini alcuni esempi per comprendere meglio in che modo questo influisse sulla percezione di un brano: sono stati invitati all'ascolto di alcune danze medievali conosciute, che stavano studiando per un progetto in collaborazione con un'Associazione di rievocazione storica, e sono stati invitati a seguire spontaneamente il ritmo battendo le mani.

Dopo, in seguito a qualche secondo caotico, sono riusciti a sincronizzarsi e a seguire lo stesso tempo, individuando da quale numero di battiti fosse descritto e riuscendo ad indicare la frazione corrispondente. In seguito a queste osservazioni, ha preso avvio l'esplorazione approfondita delle note, dei loro valori e delle loro relazioni: sono stati consegnati ai bambini alcuni spartiti tratti da "*Il mio primo Bach*", su cui hanno osservato con quali figure sono rappresentate le note. A queste, confrontandole con le figure informali già conosciute con la precedente attività, sono stati attribuiti dei nomi (semibreve, minima, semiminima, croma) e dei valori (4/4, 2/4, 1/4, 1/8), che sono stati esplorati dal punto di vista delle relazioni matematiche (attraverso somme di frazioni) e ritmiche (con particolare attenzione alla durata che si sceglie di attribuire al quarto, e dunque alla semiminima, e con l'utilizzo del metronomo e della tastiera per favorirne la comprensione).

Con l'utilizzo delle carte dei valori consegnate dall'insegnante, è stata in questo modo avviata la costruzione di uno schema a spiegamento binario sotto la forma di un semplice lapbook, per la

realizzazione del quale i bambini hanno lavorato in particolar modo sulla simmetria e sulla metà.
Questo è stato consultato dai bambini per gli esercizi matematici di consolidamento: avendo ricevuto delle carte rappresentanti solo le note, dovevano scrivere il valore corrispondente (e viceversa) e con queste esercitarsi a costruire a colpo d'occhio delle battute di quattro quarti, utilizzando diverse combinazioni, per poi controllare di aver fatto bene eseguendo le somme tra valori.
Su un foglio pentagrammato hanno poi trascritto brevi spartiti in 4/4, utilizzando queste combinazioni. Una difficoltà che si è presentata riguarda proprio la trascrizione sul pentagramma, che è stato poi studiato in un secondo momento, in quanto ancora i bambini non avevano compreso che le note sono rappresentate sui righi o in mezzo agli spazi e alcuni di essi hanno rappresentato semibrevi che occupavano più righi e spazi.
Nella lezione successiva, i bambini sono stati divisi in piccoli gruppi, di 2 o 3 componenti: lavorando individualmente su alcuni spartiti, tratti dal *Mikorokosmos* di Béla Bartók, e confrontandosi tra loro su quanto osservato, a cominciare dalle frazioni individuate per prime, gli studenti sono stati invitati a esplorare e scoprire quali elementi matematici e geometrici si nascondessero in essi.
Hanno lavorato con interesse, riflettendo e confrontandosi tra loro sul perché un aspetto potesse essere realmente considerato in merito alle connessioni tra matematica e musica.
Durante la condivisione delle osservazioni con la classe, approfondite sotto la guida dell'insegnante, i bambini hanno conosciuto anche il pentagramma, scoprendo che questo è formato da cinque linee parallele ed equidistanti e che le battute sono delimitate, nello spartito, da stanghette perpendicolari alle righe del pentagramma. Tale spiegazione si è rivelata un'occasione per ripassare i concetti di "*parallelo*", "*perpendicolare*" ed "*equidistante*", rivelando che diversi alunni non li avevano ancora acquisiti correttamente, confondevano il significato di "*parallelo*" con quello di "*perpendicolare*" e avevano difficoltà a comprendere cosa indicasse la parola "*equidistante*".

Sono stati guidati in questo modo anche all'analisi dell'etimologia di "*pentagramma*" ed "*equidistante*".
Gli studenti si sono in seguito cimentati nella costruzione di pentagrammi a mano libera e nella decalcatura degli spartiti brevi a loro assegnati in precedenza, tratti dal Mikrokosmos. Sono stati lasciati liberi di organizzare in autonomia le fasi e i metodi di decalcatura: fissare o meno lo spartito al banco con dello scotch, realizzare l'intero lavoro a mano libera oppure utilizzare il righello per le stanghette di battuta o per le righe del pentagramma, decalcare ogni elemento dello spartito oppure solo la struttura del pentagramma e delle battute per poi spostare il foglio e copiare a mano libera le note. Una bambina ha avuto il permesso di utilizzare la carta carbone. Sono stati realizzati dei lavori estremamente precisi da diversi alunni. Uno, invece, ha trovato grandi difficoltà, nonostante mostrasse solitamente grande precisione nelle attività di motricità fine relative alle diverse discipline: ha realizzato, sia a mano libera sia con la decalcatura, dei pentagrammi molto caotici, con le linee (senza rispettarne il numero) che si sovrapponevano e le note spesso in posizioni casuali.
In seguito all'osservazione attenta sulla posizione delle note sul pentagramma, e a un ripasso sulla scala musicale, sulle note scritte sui righi e sulle note scritte sugli spazi, i bambini si sono esercitati a trascrivere su un foglio pentagrammato, sotto dettatura, le note pronunciate dall'insegnante. Hanno poi ricevuto come compito per casa quello di trascrivere sullo spartito del "Saltarello La Regina" (una delle danze che stanno preparando per il progetto sul Medioevo) i nomi delle note rappresentate.
Nella lezione successiva, è stata affrontata una breve spiegazione sulla musica e sulla notazione medievale, per esplorare alcune curiosità interessanti in relazione al progetto sul Medioevo. Sono stati mostrati ai bambini degli spartiti medievali, tra i quali quello di "*Sumer Is Icumen In*", danza che stavano studiando e che loro conoscevano sotto il nome di "*Sing Cuckoo*". Riprendendo lo spartito del "*Saltarello La Regina*" su cui hanno lavorato a casa, un bambino ha chiesto per quale motivo si chiamasse "*La Regina*", visto che lo

conoscevano come “*Saltarello*” ed è stato proposto così l’ascolto e la lettura dello spartito di un altro Saltarello.
In seguito a questo breve excursus sul Medioevo, è stata presentata la tastiera e gli alunni hanno disegnato una tastiera muta su un foglio a quadretti e osservato le relazioni tra questa e la lettura delle note sul pentagramma, per poi provare a suonare “*Fra Martino*”, “*Tanti Auguri a Te*”, “*Inno alla Gioia*” e “*Baby Shark*”. In conclusione, è stato chiesto ai bambini di scegliere una delle attività svolte e di prepararla in autonomia per presentarla alla classe.
La realizzazione delle diverse attività in classe ha portato, sin dal primo giorno, a uno stravolgimento della struttura in fasi prevista per il progetto: sono state affrontate per prime le fasi 1, 3 e 5. Relativamente alla fase 3, è stato costruito lo schema a spiegamento binario ma non la griglia dei valori in relazione alle seguenti motivazioni: il tempo a disposizione era molto ridotto ed è stata valutata la possibilità che un secondo schema con diversa forma potesse essere un fattore di confusione piuttosto che un facilitatore per alcuni bambini. Sempre in riferimento alla fase 3, si è scelto di concentrarsi prima sull’aspetto ritmico e dunque sui valori delle note e le loro relazioni matematiche, rimanendo maggiormente legati alle attività di ripasso sulle frazioni e di lettura ritmica affrontate per la fase 1, e solo in un secondo momento si è parlato delle altezze. Queste sono, infatti, state trattate dopo lo svolgimento delle attività previste per le fasi 2 e 4, che sono state raggruppate e combinate insieme. Per la spiegazione delle altezze, come accennato, è stato proposto un compito per casa con lo spartito del “*Saltarello La Regina*”. Per questo motivo, la successiva fase 6 ha preso inizio dalla parte relativa alla musica medievale e successivamente è stata proposta l’attività sulla tastiera. La fase 7 è stata proposta nel poco tempo a disposizione durante l’ultima lezione, per cui non è stato possibile realizzare dei prodotti molto elaborati, ma al contempo si è rivelata estremamente interessante ed è stato piacevole concludere il progetto con i bambini attraverso le loro riflessioni e le loro domande. Molti di loro si sono dimostrati estremamente interessati, motivati durante lo svolgimento delle attività, curiosi e collaborativi, lavorando a casa anche quando

non richiesto. Hanno cercato consigli su come approfondire gli argomenti affrontati e sono stati felici di poter scegliere alcuni spartiti da portare a casa su cui poter lavorare in autonomia e in completa libertà. È stato consegnato loro anche del materiale riassuntivo sulla teoria relativa alla notazione musicale e alla musica medievale che hanno ulteriormente approfondito con le docenti di classe. Una bambina, in particolare, che presenta spesso diverse difficoltà di apprendimento e concentrazione, poca precisione e un certo disordine nei compiti delle diverse discipline, ha mostrato grande interesse e motivazione nello svolgimento delle attività, realizzando pentagrammi a mano libera molto precisi, decalcando in modo molto fedele lo spartito assegnato, comprendendo molto bene il discorso sulla somma dei valori delle note e costruendo uno spartito in 4/4 senza alcun errore nella scelta delle figure da utilizzare operando correttamente con le frazioni durante la fase di controllo.
La più grande difficoltà riscontrata durante lo svolgimento dell'UDA è identificabile nei tempi molto ristretti a disposizione. Le due classi, infatti, sono state durante l'anno molto impegnate non solo con le attività di lezione ma anche con il progetto sul Medioevo, e non è stato possibile iniziare con l'UDA prima del 24 Maggio. Per questo motivo, le attività sono state proposte a una sola delle due classi e in un numero di ore ridotto rispetto a quello inizialmente previsto per il progetto: 5 ore e 30 minuti piuttosto che 10 ore. Questo ha influito, in parte, anche sulla scelta di modificare l'ordine con cui presentare alcune delle attività. Scelta che naturalmente è stata particolarmente condizionata anche dalla situazione, in quanto sono stati i bambini stessi a guidare il progetto, con le loro esigenze, le loro domande, le loro osservazioni o i loro dubbi. In relazione a questi è stato ritenuto opportuno affrontare prima un'attività piuttosto che un'altra, approfondire un argomento in particolare o escludere un aspetto come la già citata griglia dei valori, che è stata tuttavia riportata nel documento riepilogativo che è stato consegnato ai bambini, affiancata a una rappresentazione dello schema a spiegamento binario da loro costruito. Cinque bambini hanno lavorato con superficialità e con un interesse altalenante, mostrandosi talvolta

distratti e poco motivati, alcuni di questi nelle attività di ragionamento logico, altri negli esercizi di decalcatura e nell'osservazione dello spartito. In questo contesto hanno individuato pochi elementi matematici e geometrici, alcuni dei quali ripetitivi o poco pertinenti. Nonostante il poco tempo, tuttavia, l'UDA è stata sviluppata complessivamente in modo soddisfacente e ha suscitato, come già accennato, una buona partecipazione della maggior parte degli studenti, che si sono mostrati in un primo momento sorpresi e spaesati dall'introduzione del progetto ma al contempo curiosi di comprendere quali potessero essere le relazioni tra le due discipline.

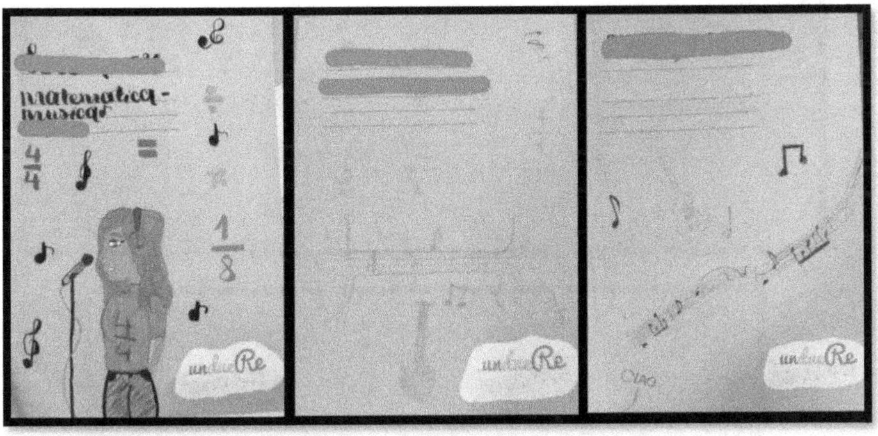
Matematica - musica
4/4
1/8
unduRe
unduRe
unduRe

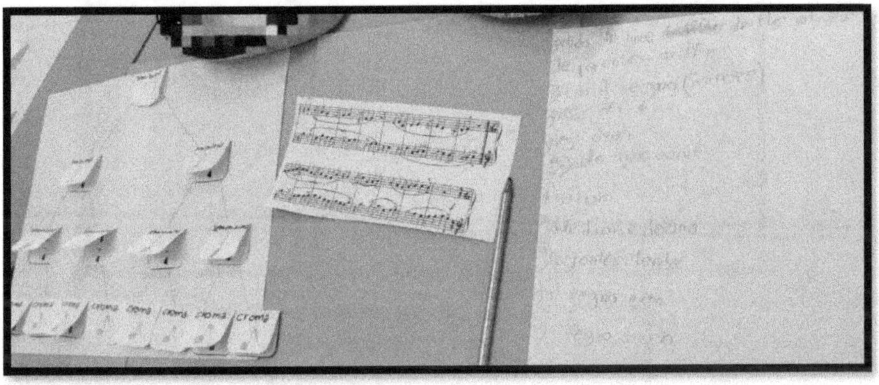

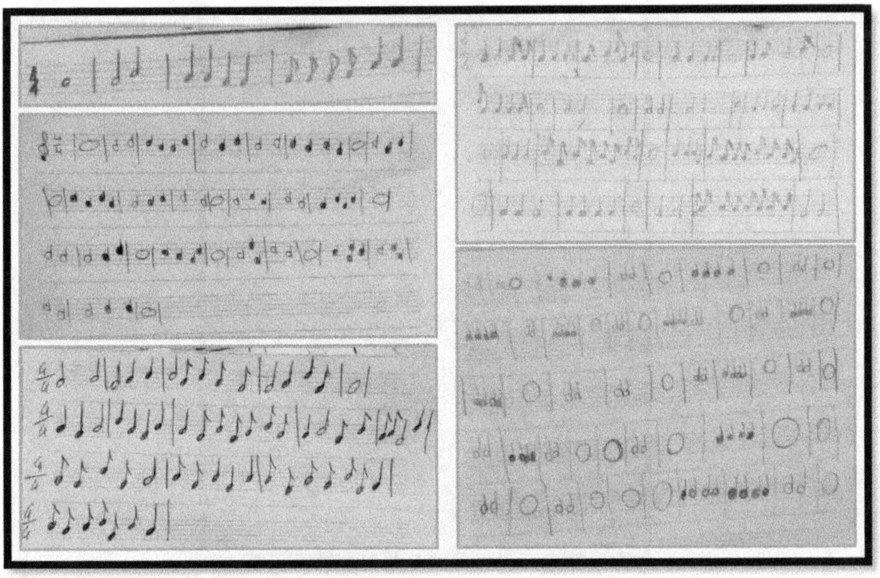

Saltarello "La Regina"

SUMER IS ICUMEN IN

Conclusione

Questa "conclusione" non è altro che l'introduzione a un nuovo capitolo, non solo per me stessa ma per chiunque, leggendo questo libro, abbia appreso o anche solo rafforzato la consapevolezza di quanto sia importante nel nostro lavoro riadattarci costantemente in relazione alle peculiarità dei bambini che abbiamo davanti.

Per questo ho deciso di conferire a questa sezione un carattere di tipo prevalentemente riflessivo e personale, concentrandomi su uno sguardo orientato non tanto all'argomento ampiamente discusso all'interno dei capitoli precedenti, quanto piuttosto al perché dell'insegnamento, alla sua importanza e all'aspetto fondamentale del come, nonché alla rilevanza del tirocinio formativo nell'ambito della formazione professionale, ma anche personale, dell'insegnante.

Vorrei iniziare tornando per un momento alla mia infanzia, poiché, per quanto possa sembrare insolito, ho deciso che avrei insegnato, e soprattutto che avrei lavorato con i bambini, all'età di dieci anni e, nonostante gli eventuali dubbi e i nuovi desideri ed ambizioni degli anni successivi, ogni riflessione mi riportava al punto di partenza. C'è chi sceglie di insegnare per seguire l'esempio di un'ottima docente che ha lasciato il segno nella sua vita, c'è chi vuole cambiare le cose, c'è chi vede nei bambini qualcosa di straordinario che, purtroppo, da adulti rimane celato. Ci sono tante motivazioni che possono spingere una persona ad intraprendere questo percorso, ma io penso che queste siano quelle che a me motivano maggiormente.

C'è qualcosa di magico nell'avventura che ho scelto di intraprendere, e questo mi permette di tenere vivo, almeno in parte, quel qualcosa di straordinario che avevo anche io da bambina.

Ogni bambino possiede un'infinità di possibilità e potenzialità, da scoprire, aiutare ad emergere, valorizzare. La scuola dovrebbe essere

vista dai bambini come un luogo bello, accogliente, piacevole e sereno; un luogo in cui entrare in relazione e scoprire sé stessi e gli altri, trovare un supporto ed essere di supporto, ognuno con le proprie magnifiche diversità e unicità; un luogo in cui scoprire la bellezza dell'imparare, in cui desiderare di conoscere, di apprendere, di scoprire e, perché no, di inventare.
Ci sono tante cose che ho amato durante la mia esperienza come studentessa, e ce ne sono tante altre che ho disprezzato. Ho deciso di cogliere tutto ciò che posso da ogni momento che ho vissuto e di utilizzarlo positivamente per la mia formazione come insegnante.
C'è, inoltre, un aspetto del mio carattere che, pur sembrando talvolta una debolezza, mi ha sempre permesso di apprezzare me stessa al di là di ogni altra insicurezza, ed è la gioia del donare, in ogni sua forma possibile. E per me l'insegnamento non è altro che questo. Se si insegna con il cuore, non ci si limita a trasmettere informazioni. Si trasmette, si dona molto di più. Un insegnante dona tutto sé stesso ai propri alunni, deve poter entrare in relazione con loro senza nemmeno usare le parole, e chinarsi per porsi anima e corpo all'altezza dei bambini, guardarli negli occhi e leggerli attraverso la profondità di uno sguardo.
C'è chi, insegnando, sembra quasi cercare di porsi in una posizione di superiorità con la presunzione di avere il rispetto degli studenti e la loro obbedienza, di potersi concentrare sul programma da svolgere e le conoscenze da verificare, quasi ponendo (inconsapevolmente) i bambini in secondo piano purché procedano con gli apprendimenti, anche solo apparentemente e momentaneamente, nel più breve tempo possibile.
Spesso questo porta a una svalutazione degli apprendimenti stessi, che diventano fini a sé stessi, non assumono significato per lo studente e si rivelano complicati in relazione alla loro specifica difficoltà di studio, al carico di studio e al tempo di studio, piuttosto che ammirabili nella complessità delle loro connessioni. Spesso non è presente un dialogo tra docenti che insegnano diverse discipline e spesso non è evidente la relazione che intercorre tra queste perché considerata di secondaria importanza.

Il mio libro riguarda questo e posso dire sia nato anche da un altro aspetto che ha caratterizzato la mia esperienza come studentessa e i miei interessi plurimi, che mi hanno portata sempre ad apprezzare discipline apparentemente molto distanti tra loro se non anche opposte, come possono essere la matematica e la musica, ad esempio, ma anche la matematica e la letteratura o l'arte.
Mi sono sin da bambina cimentata in giochi logico-matematici, in grado di catturare la mia attenzione per ore, e sono rimasta affascinata da argomenti di astronomia, biologia e botanica (conservo ancora, ad esempio, la mia collezione di foglie).
E sin da bambina ho amato la musica iniziando a studiare pianoforte all'età di sette anni, ma ho sempre amato anche leggere, scrivere, disegnare e dipingere.
In Terza Media, mi erano stati consigliati "tutti gli istituti", senza alcun reale consiglio poiché esprimevo potenzialità e interesse in discipline quali la Musica, il Disegno Artistico e Tecnico, l'Aritmetica, la Grammatica e la Letteratura.
Questo è uno degli aspetti che mi hanno maggiormente tormentata negli anni, perché non ho mai capito quale fosse la mia reale propensione e quali fossero i miei reali interessi, quasi come se fossi brava in tutto ma realmente brava in niente, e come se questo potesse avere un impatto sulla mia persona, sulla mia identità.
Ciò che credo oggi è che quelle discipline non siano mai state realmente distanti l'una dall'altra e che esista invece qualcosa che le tenga unite, legami che spesso non sono tanto evidenti ma che si possono scoprire e conoscere se siamo disposti a rallentare un po'.
Allo stesso tempo, ho maturato la consapevolezza di quale sia realmente il mio interesse e desiderio più importante, la mia propensione più significativa, poiché, come ho già scritto, la mia gioia (e soddisfazione) più grande risiede nel "donare", nell'essere d'aiuto e riuscire, nel mio piccolo, a lasciare un impatto positivo e fare la differenza, nell'entrare in relazione attraverso un ascolto autentico, andando oltre le parole e oltre le apparenze.
E, soprattutto, la costante più grande, nella mia vita, nelle mie scelte, nei miei obiettivi e desideri, sono sempre i bambini. Forse perché

hanno bisogno di essere ascoltati e forse perché sono davvero bravi ad ascoltare.
Mi piace pensare che nel mio lavoro avrò sempre qualcosa da dare ma avrò sempre anche qualcosa da ricevere.
E ho sempre amato cercare di andare oltre le mie conoscenze, sono sempre stata affascinata dall'emozione indescrivibile della scoperta, ho vissuto con interesse e motivazione la gioia dell'imparare, scegliendo volontariamente di cimentarmi nello studio e di impegnarmi nella mia formazione. Vorrei poter trasmettere questo ai miei alunni, in un ambiente all'interno del quale sentirsi sereni e liberi di esprimere le proprie potenzialità e i propri interessi.
Non amo l'idea di una scuola adatta a tutti, ma di una scuola che sia in grado di adattarsi e riadattarsi costantemente a tutti, alle necessità ed esigenze dei singoli e del gruppo, poiché non serve che tutti apprendano in egual modo le medesime conoscenze; non è così che si aiutano a crescere i bambini, che nascono con il desiderio della scoperta e della conoscenza, a partire dai loro "perché?" e dai loro giochi attraverso cui esplorano in sede sicura ciò che non conoscono.
I bambini nascono con passioni e interessi, con propensioni che possono essere sviluppate o bloccate.
Noi dobbiamo facilitare non tanto gli apprendimenti quanto piuttosto lo sviluppo dell'identità dei bambini, la scoperta di queste propensioni, la coltivazione di queste passioni, la crescita di questi interessi, l'utilità degli apprendimenti didattici in questo senso.

Non è facile pensare di essere arrivati a questo punto, con le prime esperienze lavorative, una Laurea in mano e un orizzonte di possibilità. È un traguardo e allo stesso tempo l'inizio di una nuova pagina. Non avevo dubbi sulla scelta del mio percorso e continuo a pensare che non c'è altro che vorrei fare. Ed è una meravigliosa conferma riflettere sul fatto che è stata in parte la me bambina, in un certo senso, a mostrarmi la strada.
Di recente, inoltre, ho ripreso in mano il libro che, a dieci anni, mi spinse ad avvicinarmi alla mia Maestra per dirle con convinzione: «Da grande voglio lavorare con i bambini». Era uno di quei libri che

arrivano alle neomamme tramite abbonamento, e che avevo letto in una giornata estiva, in parte a casa e in parte al mare sotto l'ombrellone. L'ho sempre conservato con cura, anche se nel tempo ne avevo dimenticato il titolo.
Quando l'ho riaperto e ho letto: "La comunicazione prima del linguaggio – come comprendere il bambino che ancora non parla", ho sorriso.
Dopo tutti questi anni, gli studi, le esperienze, i dubbi, le scelte, la consapevolezza che lentamente ha preso forma, ho capito che ciò che oggi riconosco come la parte più autentica del mio lavoro era già parte di me e che era stata la scoperta di questa mia propensione, che da bambina avevo già in qualche modo percepito (e che continuo a riscoprire e riconfermare nel mio cammino), a farmi scegliere di intraprendere passo dopo passo il mio percorso.
Mi sento profondamente affascinata dalla comunicazione prima del linguaggio, dalla comunicazione e dal linguaggio nelle loro infinite possibilità. Entro in relazione in modo significativo con bambini non verbali o con difficoltà linguistiche; a volte mi sembra di comunicare più con loro che con qualunque adulto, con un dialogo che nasce prima delle parole, attraverso cui io capisco loro e viceversa, tramite un ascolto reciproco che nasce dal silenzio.
Stimolare la comunicazione in un bambino con autismo non verbale o con mutismo selettivo, accompagnarlo a trovare la propria voce, è per me ogni volta una scoperta, una conferma, un incontro che mi ricorda perché ho scelto questa strada.
E sapere che tutto questo era già presente, prima della specializzazione sul sostegno, prima del tirocinio e delle esperienze lavorative, prima dell'università, mi emoziona profondamente.
Quel libro, che ha segnato l'inizio del mio cammino, parlava in qualche modo proprio di questo.
Come se, senza saperlo, fossi sempre stata in cammino verso ciò che ero già, e che continuo a diventare.

I cinque anni di università non sono stati semplici e hanno rappresentato una bella sfida, complicati dalla situazione pandemica che mi ha portata a trascorrere in casa il tempo che avrei dovuto dedicare al mio primo anno di tirocinio. Avevo appena conosciuto la classe della scuola primaria e, pochi minuti dopo essere rientrata a casa, il mio entusiasmo è stato frenato dalla scoperta che non sarei potuta tornare dai bambini il giorno dopo. La mia fortuna, l'anno successivo, è stata poter svolgere le ore di tirocinio previste per i primi due anni insieme e, soprattutto, in un Istituto Comprensivo che mi ha permesso di vivere questa esperienza nel modo più significativo possibile e mi ha portata a chiedere il rinnovo del contratto anche negli anni successivi. Nella Sezione della Scuola dell'Infanzia e nelle classi della Scuola Primaria, ho avuto modo sin dal primo momento di lavorare e sperimentare realmente cosa significasse insegnare.

Ho avuto la fortuna di essere affiancata da tutor d'aula che mi hanno permesso di partecipare attivamente alla vita della sezione e delle classi, mettendomi costantemente alla prova e motivandomi a presentarmi a scuola ogni giorno più entusiasta. Ho conosciuto le difficoltà che avrebbero potuto invitarmi a dubitare della mia scelta ma l'unico dubbio che è riuscito a sfiorarmi riguarda la preferenza tra l'ordine di scuola in cui vorrei insegnare: avevo iniziato convinta di voler insegnare alla scuola primaria ma l'esperienza di tirocinio nella scuola dell'infanzia mi ha portata ad apprezzare tutte le sue possibilità.

Ritorno, comunque, sulla mia propensione per la scuola primaria, portando con me tutti gli insegnamenti che mi hanno trasmesso entrambe le esperienze, che sono state caratterizzate da una portata prevalentemente positiva ma che mi hanno posta anche davanti a poche situazioni che si configurano quali esempi da non ripetere.

Un'ulteriore scelta, che ho maturato in quegli anni di tirocinio, è stata la decisione di intraprendere il percorso di specializzazione per il sostegno, rafforzata dalla meravigliosa esperienza che stavo vivendo (e continuo a vivere) dal punto di vista lavorativo. Durante gli anni di tirocinio, infatti, ho avuto la possibilità di mettermi in gioco assieme alle docenti e di impegnarmi per supportare i bambini nel rispetto delle loro diversità e unicità.

La soddisfazione che deriva dal riuscire ad aiutare un bambino, anche solo con uno sguardo o con un sorriso, è probabilmente l'emozione più profonda che io possa pensare di poter provare. Porto nel cuore il "sì" di una bambina che in tre anni di scuola dell'infanzia non ha mai parlato con nessuno. E porto nel cuore l'abbraccio di un bambino che, in seguito a un momento di frustrazione, mi ha voluta ringraziare così per essergli stata vicino; la mano di un bambino che, dopo la pausa estiva, mi ha invitata a seguirlo per vedere cosa stesse facendo; il sorriso di un bambino dopo ogni compito apparentemente complesso; il coraggio di un bambino che ha imparato a riconoscere i propri tempi e le proprie necessità, chiedendo di potersi fermare un attimo quando ne aveva bisogno.
Questi sono solo alcuni momenti ma ne porto nella memoria e nel cuore molti altri, e si tratta davvero di piccole cose che però hanno un peso molto più grande di quanto non possano esprimere un classico voto o giudizio. È vero che a scuola bisogna dare importanza agli apprendimenti ma è vero anche che questi non hanno significato se non si riesce a vedere prima la persona. Il riconoscimento più significativo che desidero avere nel mio lavoro è rappresentato da frasi come "tu mi hai aiutato a superare quel *fastidio*", pronunciata da un bambino che stava affrontando un periodo di difficoltà importante.
Nei capitoli di questo libro ho parlato di intelligenze multiple, di interdisciplinarità, di inclusione. La Matematica e la Musica e le loro relazioni non sono che un esempio e uno strumento per poter sostenere e supportare lo sviluppo più profondo delle potenzialità di ogni bambino nel rispetto della sua unicità. Come ho già scritto, l'aspetto dell'insegnamento che considero più importante è questo, in quanto una scuola che sia adatta a tutti non esiste, ma può essere in costante evoluzione e trasformazione una scuola che si possa adattare e riadattare alle necessità ed esigenze del singolo e del gruppo.
Altro aspetto che considero importante in merito alla mia esperienza di tirocinio riguarda il supporto costante che ho sempre ricevuto dalla tutor coordinatrice, che ringrazio profondamente ancora una volta per l'infinita disponibilità, il quale si è rivelato fondamentale anche

durante il mio primo anno di insegnamento. Ritengo di enorme importanza l'organizzazione del tirocinio in questo senso, che deve poterci preparare sotto ogni aspetto, dal più pratico al più teorico. Dobbiamo essere in grado di destreggiarci in ogni situazione, con i bambini ma anche nella programmazione dell'attività didattica, nelle metodologie e strategie da utilizzare, nel dialogo con il personale scolastico e dal punto di vista legislativo.
Il mio percorso di formazione è solo all'inizio, c'è ancora tanta strada da fare e in ogni caso non si finisce mai di apprendere ed ogni piccolo momento è e sarà sempre un motivo di crescita, personale e professionale. Ma ho già potuto osservare quanto sia importante, perché l'esperienza maturata negli anni possa essere realmente significativa, avere una buona base da cui partire, un buon punto di partenza, una buona preparazione.
Ma, soprattutto, e questo sono sicura che non mi mancherà mai, è necessario avere la passione per questo lavoro, perché diversamente non serve l'esperienza e non serve lo studio, in quanto la responsabilità che abbiamo è immensa. Non si tratta di noi, ma dei bambini, e noi non possiamo che impegnarci con tutti noi stessi per poter essere per loro guide, facilitatori e accompagnatori, lasciando che loro stessi siano una guida per noi. L'immagine più bella e importante con cui riesco a visualizzare il motivo per cui ho scelto questo lavoro è il momento in cui, il primo giorno di supplenza, ho semplicemente guardato negli occhi Antares, un bambino Speciale con la S maiuscola, scegliendo di spegnere tutto il resto per vedere solo il bambino, indipendentemente da diagnosi e racconti di chi già lo conosceva. Solo il bambino, con le sue esigenze, difficoltà e paure e con i suoi sorrisi, perché mi trovavo lì per supportarlo e aiutarlo a far emergere le meravigliose potenzialità nascoste in ogni aspetto della sua persona. E in quel brevissimo ed eterno momento, durante il quale noi due eravamo gli unici protagonisti della storia, io penso di aver acquisito la consapevolezza più grande e di aver preso la scelta più importante, che mi ha realmente condotta in seguito a portare avanti un lavoro non solo per il bambino ma con il bambino, attraverso cui non ho potuto semplicemente contribuire a fare la

differenza io per lui, ma ha sicuramente contribuito Antares a fare la differenza per me ed io per prima, a partire dalla semplice profondità di uno sguardo, ho iniziato ad imparare da lui permettendogli da subito di influenzare non solo le mie scelte ma anche il mio stesso percorso di crescita, ancora di più essendo entrato nella mia vita in un momento fondamentale, durante quello che è stato il mio ultimo anno di università e primo anno di supplenza. E penso che sia proprio grazie a una visione a doppio senso del processo di insegnamento e apprendimento che sia realmente possibile fare la differenza.
Uno dei problemi più grandi su cui bisogna ancora lavorare è l'accettazione. Non c'è nulla di sbagliato in nessun bambino, ognuno nasce con le sue bellissime diversità e ognuno nasce con le sue stupende unicità. Il compito più importante che ritengo di avere, come insegnante, è riuscire nel mio piccolo a vederle e aiutare i bambini a farle emergere, riuscendo a osservare oltre e a supportarli affinché possano vivere esperienze significative per la loro crescita, che possano contribuire a fare la differenza per la loro realtà e il loro futuro. E questo, penso, necessariamente e contestualmente contribuisce a fare la differenza anche nella realtà e nel futuro dell'insegnante, aggiungendovi anche un po' di luce e di colore. Nel Quarto Capitolo parlo del progetto realizzato a scuola e del bambino che ne ha ispirato la realizzazione, della sua chiave di lettura del mondo, unica e speciale: Antares ha scelto i colori come sua chiave di lettura e ci ha insegnato a vederne la bellezza e farla anche nostra, a osservare ogni cosa con occhi diversi, a cambiare prospettiva perché non c'è mai un modo unico e giusto di guardare e spiegare il mondo. Ogni bambino ha una propria chiave di lettura e quello che dovremmo fare noi come insegnanti è cercarla, scoprirla, comprenderla e farla nostra in modo da trovare la chiave di accesso al suo mondo ed utilizzarla non solo per entrarci ma anche per aiutare il bambino ad entrare nel nostro. E dobbiamo poter mostrare la strada, insegnando ai bambini a fare lo stesso, aiutandoli a comprendere le chiavi di lettura dei loro compagni ma soprattutto trasmettendo loro la bellezza, e dunque anche il desiderio e l'interesse, del riuscire ad entrare in contatto, ad entrare in relazione in un modo così speciale

che non si ferma alle formalità del salutare o giocare insieme ma che va oltre, che entra più in profondità nella persona di ognuno di loro e permette di infondere un significato enorme in ogni più piccola cosa, gesto, parola o gioco che sia. Aiutandoli, così, a trovare gli strumenti che permetteranno loro di cercare (volendole cercare), scoprire, comprendere e fare loro le chiavi di lettura dei bambini e degli adulti che incontreranno nel corso del loro percorso di vita.
Vorrei citare un docufilm, "*Life, Animated*", che ho visto di recente e che considero davvero interessante, a livello formativo e personale. L'argomento viene affrontato dal punto di vista più bello, quello del bambino, del ragazzo e dell'adulto che diventa. Quello del suo modo di vedere, comprendere e affrontare la realtà in cui vive, il mondo e le persone coinvolte nel suo percorso di crescita. Quello delle sue passioni, e della loro importanza non solo nell'interpretazione delle situazioni e delle difficoltà che affronta, ma anche nella sensibilità emotiva intra e interpersonale, e dunque nella comprensione di sé e degli altri. Quello del ruolo di estrema importanza delle persone, gli "aiutanti", che riescono a trovare, invece, le lenti per comprendere il suo mondo e le chiavi per accedervi, la voce per parlargli e per farsi parlare, la volontà di comunicare non solo nel modo che crediamo sia quello "corretto", lo sguardo per osservare e guardare a fondo con l'idea di andare oltre quanto sia visibile agli occhi per arrivare a quanto può essere visibile al cuore.
Abbiamo tanto da imparare, e piuttosto che frenare le particolari e uniche chiavi di lettura del mondo dei bambini, dovremmo iniziare a vedere quanto realmente siano speciali, quanto abbiano da insegnarci, se solo permettiamo loro di mostrarci la strada.

RIFERIMENTI BIBLIOGRAFICI

Abbagnano N., Fornero G. (2014)
L'ideale e il reale – Dalle origini alla scolastica
Pearson Italia

Adler A. (19/02/1972)
Mathematics and Creativity
The New Yorker, pp.39-40, 44

Alessandrini P. (2021)
Bestiario matematico
Mostri e strane creature nel regno dei numeri
Ulrico Hoepli Editore

Allorto R. (1989)
Nuova storia della musica
G. Ricordi & C.

Annali della Pubblica Istruzione (2012)
Indicazioni nazionali
per il curricolo della scuola dell'infanzia
e del primo ciclo di istruzione
Le Monnier

Autori vari (2023)
Storia della musica
Belle arti edizioni

Baroni M., Fubini E., Petazzi P., Santi P., Vinay G. (1988)
Storia della musica
Giulio Einaudi Editore

Biasutti M. (2015)
Elementi di didattica della musica
Carocci

Boyer C. (2015)
Storia della matematica
Mondadori Libri

Calvino I. (1993)
Lezioni americane
Oscar Mondadori

Casini C. (2022)
Storia della musica dall'antichità classica al Novecento
Giunti Editore

Consiglio dell'Unione Europea (2018)
Raccomandazione del consiglio del 22 maggio 2018
relativa alle competenze chiave per l'apprendimento permanente

D'Amore B., Sbaragli S. (2017)
La matematica e la sua storia
Dalle origini al miracolo greco
Edizioni Dedalo

D'Amore B., Sbaragli S. (2018)
La matematica e la sua storia
Dal tramonto greco al Medioevo
Edizioni Dedalo

D'Amore B., Sbaragli S. (2019)
La matematica e la sua storia
Dal Rinascimento al XVII secolo
Edizioni Dedalo

D'Amore B., Sbaragli S. (2020)
La matematica e la sua storia
Dal XVIII al XXI secolo
Edizioni Dedalo

Eli Maor (2018)
La musica dai numeri
Musica e matematica, da Pitagora a Schoenberg
Codice edizioni

Eno B. (2023)
A Year with Swollen Appendices
Faber & Faber

Galimberti U. (2005)
Intelligenza al plurale
Prefazione al libro di Gardner H.
Educazione e sviluppo della mente
Intelligenze multiple e apprendimento
Edizioni Centro Studi Erickson

Gardner H. (1974)
The Shattered Mind
The Person after Brain Damage
Vintage, cap. 4. Sulla sindrome di Gerstmann.

Gardner H. (2005)
Educazione e sviluppo della mente
Intelligenze multiple e apprendimento
Edizioni Centro Studi Erickson

Gardner H. (2006)
Multiple Intelligences New Horizons
Basic Books

Gardner H. (2011)
Verità, Bellezza, Bontà
Educare alle virtù nel ventunesimo secolo
Giangiacomo Feltrinelli Editore

Gardner H. (2021)
Formae mentis
Saggio sulla pluralità dell'intelligenza
Giangiacomo Feltrinelli Editore

Gardner H. (2022)
Una mente sintetica: indagine sulle mie intelligenze
Giangiacomo Feltrinelli Editore

Ghiselin B. (1952)
The Creative Process
University of California Press, p.35

Hofstadter D. (1984)
Godel, Escher, Bach: un'Eterna Ghirlanda Brillante
Adelphi Edizioni

Iannuzzi L. (2021)
Suoni e Silenzi
Independently published.

Joly M. (1999)
Introduzione all'analisi dell'immagine
Lindau

Károlyi O. (2000)
La grammatica della musica
La teoria, le forme e gli strumenti musicali
Einaudi

Lentini D. (2015)
Doremat: la musica della matematica
Il Progetto: Insegnare e imparare la Matematica con la Musica
Collana Digital Docet

Litchfield D. (2017)
L'Orso e il Piano
Zoolibri

Mall P., Spychiger M., Vogel R., Zerlik J. (2016)
Portfolio Europeo della Musica
Matematica (EMP): 'Percorsi musicali nella matematica'
Manuale per l'insegnante
Lifelong Learning Programme

May E. (1980)
Music of Many Cultures
University of California Press

Merriam A. (1964)
The Antropology of Music
Northwestern University Press, p. 148.

Mila (1963)
Breve storia della musica
Giulio Einaudi editore

Newton, I. (2003).
Opticks
Prometheus Books, Reprint edizione

Newton, I. (2006)
Scritti sulla luce e i colori
RCS Libri

Odifreddi P. (2014).
Il museo dei numeri
Da zero verso l'infinito,
storie dal mondo della matematica
RCS Libri

Paoli F. (2014)
Didattica della matematica:
dai tre agli undici anni
Carocci

Pasini D. (2021)
MusicArte
Musica Arte Immagine nella scuola primaria
Edizioni We

Pasini D. (2021)
Pianeta MusicArte
Guida per insegnanti, famiglie e studenti
Edizioni We

Pasini D. (2021)
Pianeta MusicArte
Eserciziario per gli alunni della scuola primaria
Edizioni We

Pasini D. (2021)
Eye training & Ear training
tabelle di allenamento
Edizioni We

Piaget J. (1993
L'epistemologia genetica
Laterza

Piaget J (1999)
La formazione del simbolo nel bambino
Imitazione, gioco e sogno
Immagine e rappresentazione
La Nuova Italia.

Piaget J. (2001)
La psicologia del bambino
Einaudi

Piaget J. (2011)
Psicologia dell'intelligenza
Giunti Edizioni

Piaget, J. (2013).
La rappresentazione del mondo del fanciullo
Bollati Boringhieri

Platone (1933)
La Repubblica
La Nuova Italia Editrice

Platone (2015)
La verità è altrove
Hachette Fascicoli

Platone (2019).
La Repubblica
Gius. Laterza & Figli

Putz, J. (1995).
The Golden Section and the Piano Sonatas of Mozart
Mathematics Magazine, Vol. 68, No. 4., pp. 275-282.

Rosen, C. (7/11/1975)
The Possibilities of Disquiet
recensione del libro **Tagebuch B**. di Arnold Schoenberg
The London Times Literary Supplement, p.1336.

Sessions, R. (1970)
Questions about Music
W.W. Norton, p.89, p.110.

Stravinskij, I. (1971)
Conversations with Robert Craft
Pelican Books

Ulam, S. (1976)
Adventures of a Mathematician
Charles Scribner’s

Zarlino, G. (1589)
Le istitutioni harmoniche
Trattato musicale
Frans Wiering

SITOGRAFIA

Aprile, E.
Le sette note colorate
Disponibile in: https://youtu.be/ShnnYBLM0RU

Da Rif, C.
Io mi chiamo Piccolo Do
Disponibile in: https://youtu.be/kuLWGNitzDg

Gherghina M.
Dansul pinguinului cu pinguin
Disponibile in: https://youtu.be/YLrCs7tspLY

Iannuzzi, L.
Suoni e Silenzi
(e relativa applicazione "Pallinatore")
Disponibile in:
https://www.youtube.com/@maestrolibero-musicaechita2583
https://www.liberoiannuzzi.com/
https://www.liberoiannuzzi.com/prodotto/app-il-pallinatore/

Lentini, D.
Doremat: la musica della matematica
Il Progetto: Insegnare e imparare la Matematica con la Musica
Disponibile in: https://amzn.eu/d/0ivjA5Gu

Mall, P. et al.
Portfolio Europeo della Musica – Matematica (EMP): 'Percorsi musicali nella matematica'
Disponibile in:
http://maths.emportfolio.eu/images/deliverables/Teacher_Handbook_Italian_Version.pdf

Maxia B.M.
Sul metodo MusicArte di Maestro Daniele Pasini Interdisciplinarietà e importanza delle discipline artistiche e musicali
Disponibile in:
https://selador.it/articoli/item/38-sul-metodo-musicarte-di-m-daniele-pasini-interdisciplinarieta-e-importanza-delle-discipline-artistiche-e-musicali.html

Odifreddi, P.
Odifreddi a Repubblica@Scuola: musica e matematica
Disponibile in: https://youtu.be/3-jovCKFsOA

OpenAI e Google.
Strumenti di intelligenza artificiale per approfondimenti e personalizzazione di immagini (ChatGPT, Gemini)
Disponibili in:
https://chat.openai.com
https://gemini.google.com.

Pasini, D.
MusicArte
Disponibile in:
https://www.facebook.com/MusicArte.scuolaprimaria
https://t.me/metodomusicarte_danielepasini

Putz, J. (1995).
The Golden Section and the Piano Sonatas of Mozart
Mathematics Magazine, Vol. 68, No. 4., pp. 275-282.
Disponibile in: https://www.jstor.org/stable/269057

Sánchez Parra, M.J.
Borboletinha - Canción infantil brasileña
Disponibile in: https://youtu.be/cYIF-dKD8is

NOTE SULL’AUTRICE

Bianca Maria Maxia è un’***Insegnante specializzata sul sostegno nella scuola primaria***, con esperienza nel supporto a bambini e ragazzi con disabilità, in particolar modo con ***disturbi del neurosviluppo***, quali disturbi dello spettro dell’***autismo*** e della ***comunicazione***, ***ADHD***, e altre esigenze speciali.

Si è ***laureata in Scienze della Formazione Primaria*** nel 2023, conseguendo l'abilitazione all'insegnamento nella scuola primaria e dell'infanzia. Durante l'ultimo anno di studio, inizia a lavorare come Maestra su posto di sostegno, vivendo un'esperienza di grande importanza, che contribuisce in modo significativo a confermare la decisione di intraprendere, l’anno successivo, anche un percorso di ***specializzazione*** per l'insegnamento su posto di ***sostegno*** nella ***scuola primaria***.

Oltre al lavoro come insegnante, ***collabora a progetti educativi e sportivi*** che, in contesti stimolanti e accessibili, favoriscono il benessere psico-fisico e la socializzazione di bambini e ragazzi.

Con uno sguardo attento all'***inclusione*** e all'***interdisciplinarità***, in ogni intervento e contesto, e in ogni scelta educativa e didattica dell’autrice, è centrale lo ***sguardo verso il futuro dei bambini***, nonché l'importanza di riuscire a scoprire, valorizzare e aiutare ad emergere la ***diversità e unicità*** di ognuno di loro, con le proprie potenzialità, abilità, interessi e propensioni. Per promuovere, attraverso questo approccio, il pieno sviluppo della loro persona, e guidarli significativamente durante il loro percorso di crescita.

IL METODO PRISMA

Con i suoi studi e la sua esperienza, l'autrice utilizza, nel suo lavoro e in diversi contesti, interventi e scelte che si definiscono all'interno di una sua organizzazione metodica, in evoluzione, a cui attribuisce il nome di ***"Metodo Prisma"***, sviluppato soprattutto sulla Teoria delle Intelligenze Multiple di Howard Gardner, che ne ha ispirato particolarmente l'ideazione: il Metodo Prisma nasce con l'obiettivo di supportare nel loro percorso di crescita bambini e ragazzi con disabilità, in particolar modo con disturbi del neurosviluppo, ma estendendosi, obbligatoriamente, a tutti indipendentemente da qualunque esigenza speciale rilevata o non rilevata, in accordo con il suo principio più importante di valorizzazione delle diversità e unicità di ciascuno di loro.

Il Metodo, infatti, si basa su un approccio educativo che mette al centro la ***diversità delle intelligenze***, la ***personalizzazione dell'apprendimento*** e la ***valorizzazione delle potenzialità individuali***.

L'apprendimento non è, infatti, uguale per tutti: *ognuno ha il proprio modo di conoscere, di comprendere ed esprimersi, di relazionarsi ed interagire con il mondo,* ***una propria chiave di lettura*** *attraverso cui interpretare ogni cosa.*

Il Metodo Prisma riconosce e accoglie questa pluralità, permettendo a ogni persona di scoprire, sviluppare e rafforzare le proprie capacità in un ambiente inclusivo e stimolante, che non chiede a nessuno di annullarsi per essere accettato, ma che *valorizza l'****unicità*** *di ciascuno come una* ***risorsa per il gruppo e per la società***.

Non con un'unica strada, ma con ***un percorso educativo flessibile e su misura***, in cui ogni individuo può esplorare il proprio modo di apprendere attraverso l'***esperienza***, il ***movimento***, la ***creatività*** e la ***collaborazione***.

Perché "Prisma"?

Il prisma è un simbolo di ***diversità e scoperta***.
Così come un prisma scompone la luce bianca in un arcobaleno di colori, il metodo aiuta a rivelare e valorizzare le molteplici forme di intelligenza e apprendimento, gli interessi e le potenzialità individuali, credendo in *un'educazione che non appiattisce le differenze ma permette a ciascuno di esprimere la propria unicità, riconoscere i propri talenti e costruire il proprio percorso di crescita in modo personalizzato.*

L'Autrice BIANCA MARIA MAXIA
e l'Editore NICOLA BERGAMASCHI
vi invitano a supportare l'Associazione

Seguimi ASD

Nello specifico, vi invitano a conoscere
i due progetti per l'inclusione promossi dalla stessa:

INSIEME IN MOVIMENTO
Seguimi asd

progetto destinato a bambini
e ragazzi dagli 8 ai 15 anni
www.insiemeinmovimento.it

Bike 4 all
Seguimi

progetto destinato a ragazzi
e adulti dai 16 anni in su.
www.bike4all.it

SEGUIMI ASD
Pedalare per il Benessere e l'Inclusione

Seguimi ASD è un'associazione sportiva dilettantistica che promuove il benessere psicofisico e la socializzazione attraverso l'uso della bicicletta e la vita all'aria aperta, con l'obiettivo di migliorare il tessuto sociale e offrire opportunità di crescita personale attraverso lo sport e il movimento.
Fin dalla sua fondazione, l'associazione ha accolto persone con diverse abilità fisiche, intellettive e sociali, sviluppando interventi inclusivi e attività mirate per consentire a tutti di partecipare, sia individualmente che in gruppo.

La Bicicletta: Uno Strumento di Crescita e Libertà

Per Seguimi ASD, la bicicletta è molto più di un semplice mezzo di trasporto: è un'opportunità per scoprire il mondo con uno sguardo nuovo, rafforzare il carattere, aumentare l'autostima e sviluppare capacità motorie, cognitive e relazionali. Per le persone con disabilità, in particolar modo, pedalare rappresenta un'esperienza di libertà e autonomia, attraverso cui poter vivere momenti di svago e movimento in un ambiente stimolante e inclusivo, che favorisce la costruzione di relazioni, stimola la collaborazione e permette a ciascuno di esprimere al meglio le proprie potenzialità.

Perché ho scelto di sostenere Seguimi ASD

Ho deciso di sostenere Seguimi ASD perché ritengo che il loro impegno nell'inclusione attraverso la bicicletta sia molto vicino ai valori che ho voluto raccontare in queste pagine.

Nel mio libro esploro le connessioni tra matematica e musica, parlo di intelligenze multiple e sottolineo l'importanza dell'interdisciplinarità nell'educazione. Tutti questi temi hanno un filo conduttore comune: il riconoscimento e la valorizzazione delle potenzialità di ogni individuo, nel rispetto delle sue inclinazioni.

Similmente, Seguimi ASD usa la bicicletta come strumento educativo e inclusivo, favorendo crescita e socializzazione. L'inclusione non è solo un concetto da teorizzare, ma una realtà da costruire con azioni concrete. Per questo, ho scelto di sostenere Seguimi ASD, per contribuire a un progetto che cerca di portare avanti questi stessi principi con passione e impegno.

I Progetti "Insieme in Movimento" e "Bike4All"

"Insieme in Movimento" e *"Bike4All"* nascono per promuovere inclusione e socializzazione attraverso il ciclismo e il gioco, offrendo esperienze su misura per tutte le abilità.

I progetti sono promossi dalla Seguimi ASD in collaborazione con, in qualità di soci dell'associazione, l'autrice di questo libro Maxia Bianca Maria e Ruggiu